Horst Hintersdorf

Typenkompass

DDR-Traktoren und Landmaschinen

1945 – 1990

Typen kompass

Horst Hintersdorf

DDR-Traktoren und Landmaschinen

1945–1990

Motor buch Verlag

Einbandgestaltung: Dos Luis Santos

Titelbilder: Archiv Horst Hintersdorf / Wolfgang Gebhardt

Bildnachweis: Alle Bilder, soweit nicht anders vermerkt:
Archiv Horst Hintersdorf / Wolfgang Gebhardt

ISBN 978-3-613-02782-4

1. Auflage 2007

Sie finden uns im Internet unter
www.motorbuch-verlag.de

Lektorat: Joachim Kuch
Innengestaltung: Bernd Peter
Reproduktionen: digi Bild reinhardt, 73037 Göppingen
Druck und Bindung: Henkel GmbH, 70499 Stuttgart
Printed in Germany

Inhalt

Einführung

Die Maschinen

Einführung

Geschichtlicher Abriss

In verschiedenen Statistiken, die die wirtschaftliche Ausgangssituation nach dem Zweiten Weltkrieg unter Berücksichtigung der erfolgten Aufteilung Deutschlands in Besatzungszonen darstellen, wurden der damaligen Sowjetischen Besatzungszone (SBZ) bei einem Anteil von 36 % der landwirtschaftlichen Nutzfläche nur 18,3 % der Landmaschinenproduktionskapazitäten zugeordnet. Dabei fehlten die Fertigungsmöglichkeiten für einige Maschinenarten ganz. Auf den Schlepperbau entfielen 9 % und auf den nicht nur dazu wichtigen Motorenbau 6 %. Ebenso kritisch sah es mit der als Voraussetzung für einen Maschinenbau notwendigen stahlerzeugenden Industrie aus.
Die Folge der Kriegszerstörungen und die Demontage von Betrieben sowie die Entnahme von Erzeugnissen aus der mühsam anlaufenden Produktionstätigkeit (beides unter dem Stichwort »Wiedergutmachung«) durch die Besatzungsmacht ließen einen nur zögerlichen wirtschaftlichen Aufschwung zu.
Zwei weitere Ereignisse der Nachkriegszeit wirkten weiterhin auf das wirtschaftliche Geschehen in der DDR ein. Das war einmal die Überführung von Betrieben in Volkseigentum (Volkseigene Betriebe, VEB) und, speziell für die Landwirtschaft, die Enteignung landwirtschaftlichen Besitzes über 100 ha und die Parzellierung dieser Flächen zur Übergabe an landlose Interessenten und landarme Bauern, als Bodenreform bezeichnet. Fünf Jahre danach jedoch erfolgte durch die Bildung Landwirtschaftlicher Produktionsgenossenschaften (LPGs) wieder eine Konzentration landwirtschaftlicher Flächen (auch unter Einbezug von Altbauern). Danach blieben für die Landwirtschaft nur noch zwei große Wirtschaftseinheiten übrig, die LPGs und die Volkseigenen Güter (VEGs). Dies wiederum stellte aber die Landmaschinen- und Traktorenindustrie vor nicht unerhebliche Probleme, da nun eine Mechanisierung in ganz anderen Maßstäben gefordert war.

In den ersten Nachkriegsjahren ging es darum, den entstandenen Kleinbetrieben landwirtschaftliche Arbeitsmittel zur Verfügung zu stellen und die durch den Krieg entstandenen Defizite auszugleichen. Das waren vorrangig Geräte für den Gespannzug, sofern dazu überhaupt Zugtiere vorhanden waren. Die entstehenden Großflächen erforderten leistungsfähigere Maschinen und Geräte, auch um der Fluktuation der Arbeitskräfte in der Landwirtschaft zu begegnen.
Der neunprozentige Anteil der Traktorenproduktion für die SBZ, die sich dann ab Herbst 1949 als Deutsche Demokratische Republik deklarierte, war ein unrealer Wert. Es gab nach 1945 praktisch keine Produktionsstätte für Traktoren mehr auf diesem Gebiet. Die vormals existierenden Betriebe mit einem solchen Produktionsprofil gab es nicht mehr, die MBA (Maschinenbau und Bahnbedarf AG, vormals Orenstein und Koppel) hatte schon in den letzten Kriegsjahren die Traktorenproduktion eingestellt, NORMAG siedelte gleich 1945 in den Westen um und die FAMO-Werke in Breslau standen für eine Nutzung nicht mehr zur Verfügung. Obwohl die FAMO-Werke Anfang 1945 noch nach Schönebeck/Elbe in die dortigen Junkerswerke umgelagert wurden, waren sie kein produktionsfähiger Betrieb.
In die Übersicht potentieller Betriebe für den Schlepperbau müssen auch die ehemaligen Berliner Firmen Deuliwag, Primus und Stock als traktorenherstellende Fertigungsstätten und die Firma Kämper als Motorenproduzent mit einbezogen werden. Durch die Teilung Berlins und auch durch andere Maßnahmen, die bereits vor 1945 ergriffen worden waren, schieden diese Firmen aber für den Aufbau einer Traktorenindustrie in der SBZ/DDR aus. Lediglich von der im Stadtbezirk Lichtenberg beheimateten Firma Primus wird in Inseraten in den Jahren 1949/1950 mit »Primus Traktoren-Gesellschaft, volkseigener Betrieb, Berlin-Lichtenberg, Herzbergstraße 68–70, Reparatur von Motoren und Traktoren« geworben. Die

Ende 1945 in Schönebeck gegründete »Fahrzeug-Apparatebau GmbH Schönebeck – FAPPA«, ein Vorläuferbetrieb des späteren Traktorenwerks Schönebeck, sollte den 22-PS-Stock-Schlepper als Lizenzerzeugnis produzieren.
Es kam aber nicht zu einer Produktionsaufnahme.
Letztlich erst im Jahr 1949 entstanden dann das Schlepperwerk Nordhausen, das Traktorenwerk Schönebeck und das Traktorenwerk Brandenburg. Die Werksgeschichte dieser drei Betriebe wird später noch detaillierter wiedergegeben.
Der Vollständigkeit halber sei hier auch noch erwähnt, dass es Anfang der 50er-Jahre auch von kleineren Privatbetrieben in Dessau und Rostock Bestrebungen gab, in den Traktorenbau einzusteigen. Das blieben aber lediglich Versuche.
Die für die Landmaschinenfertigung bedeutenden alteingesessenen Betriebe (sie wurden alle zu volkseigenen Betrieben erklärt) waren für die Drillmaschinenfertigung Siedersleben in Bernburg, Rudolf Sack in Leipzig für Pflüge und für bestimmte Erntemaschinen Raussendorf in Singwitz und Klinger in Stolpen, um nur die Wichtigsten zu nennen.
Schon 1951 begann mit der Bildung des Kombinates Fortschritt Neustadt/Sachsen ein Konzentrationsprozess in der Landmaschinenindustrie. Die landmaschinenbauenden Betriebe in Neustadt/Sachsen, Stolpen, Kirschau, Bischofswerda und Singwitz wurden vereinigt.
Das Traktorenwerk Schönebeck wurde 1973 dem Kombinat Fortschritt angegliedert, wobei 1985 noch die Zuordnung des Dieselmotorenwerkes Schönebeck zum Traktorenwerk Schönebeck erfolgte. Im Herbst 1969 wurde das Weimarer Kombinat gebildet, auf eine Nennung der Namen der zugeordneten Betriebe wird hier verzichtet. 1978 erfolgten weitere Zusammenschlüsse von Betrieben des Landmaschinenbaues.
Von den anfänglichen Traktorenproduzenten blieb schließlich nur einer übrig: das Traktorenwerk Schönebeck. Das Schlepperwerk Nordhausen wurde 1965 zum ausschließlichen Motorenhersteller umprofiliert, das Brandenburger Traktorenwerk ebenfalls 1965 für die Getriebefertigung umgerüstet. Der Traktorenbau der DDR wurde in gewissem Sinne durch die im Rahmen des RGW (Rat für gegenseitige Wirtschaftshilfe) getroffenen Beschlüsse geknebelt, da ihm nur eine sehr schmale Produktionspalette zugestanden wurde, ein Sachverhalt, dessen Darlegung an dieser Stelle nicht weiter ausgeführt werden kann. Es ist anzumerken, dass nach Einführung des 100-PS-Traktors (ZT 300) keine produktionswirksame Entwicklungsarbeit mehr geleistet wurde. Es wurde mehr oder weniger nur noch eine Modellpflege betrieben.
Im Landmaschinen- und Traktorenbau der DDR waren einige Zigtausend Menschen beschäftigt. Nach 1990 trat ein rasanter Verfall ein. Die derzeitige Beschäftigtenzahl kann man fast nur noch nach Hunderten zählen. Und auch diese bangen mit ihren Betrieben ums Überleben.

Das Traktorenwerk Schönebeck

Als sich zu Beginn des Jahres 1945 die Ostfront unaufhaltsam den Grenzen des Deutschen Reiches näherte, wurden die FAMO-Werke aus Breslau nach Schönebeck/Elbe in die dortigen Junkerswerke verlagert. Es wurden zwei Hallen angemietet, um das mit 150 Waggons transportierte Umzugsgut – 452 Werkzeugmaschinen – unterzustellen. Aller Wahrscheinlichkeit nach wurden auch Dokumentationen von den in Breslau gebauten Traktoren und auch Teile derselben, zumindest für die Radschlepper, mit überführt.
Mit der Umlagerung verfolgte man das Ziel, nach dem Krieg das Junkerswerk und das FAMO-Werk zusammenzulegen und eine Fabrik für landwirtschaftliche Raupen- und Radschlepper zu gründen. Hintergrund war, den zu erwartenden steigenden Bedarf an Schleppern nach dem Krieg abzudecken, zumal die Provinzen Sach-

sen, Mecklenburg und Pommern die Hauptabsatzgebiete der ehemaligen FAMO waren.
In Schönebeck befand sich auch die »Metallindustrie Schönebeck«, eine Aktiengesellschaft, die aus den Fahrradwerken »Weltrad« – vormals Hoyer und Glahn – hervorgegangen war, ebenfalls einer Aktiengesellschaft.
Nach der Kapitulation Deutschlands und der daraufhin erfolgten Zonenaufteilung verlief die Entwicklung jedoch nicht so, wie von den damaligen Eigentümern geplant. Da die Unternehmen während des Krieges in die Produktion von Kriegsmaterial einbezogen waren, fielen sie unter die im Potsdamer Abkommen festgelegten Beschlüsse und wurden demontiert. Darunter fiel auch der noch im Dezember 1945 als Vereinigung von Junkerswerken und FAMO-Werken gegründete Betrieb »Fahrzeug- und Apparatebau (FAPPA) Schönebeck/Elbe«. Nach Abschluss der Demontagearbeiten im Frühjahr 1946 – die Metallindustrie AG war einer Teildemontage unterzogen worden – erhielt die FAPPA Produktionsflächen im Gelände der Metallindustrie. zugewiesen.
Die FAPPA war gleich nach ihrer Gründung beauftragt worden, die Fertigung von Traktoren, insbesondere für die Landwirtschaft, sowie von Straßenschleppern und Ersatzteilen aufzunehmen. Geplant war der Bau eines Diesel-Radschleppers von 22 PS, Lizenz Stock, sowie die weitere Fortführung des Baues eines 40-PS-Radschleppers und eines 60-PS-Kettenschleppers nach FAMO-Unterlagen und eines 4,5-Tonnen-Lastkraftwagens. Nach der Demontage wurden diese Bemühungen in reduziertem Umfang wieder aufgenommen. Es erfolgte eine neue Betriebsgründung (1947) unter der Bezeichnung »Fahrzeugbau Schönebeck – Betrieb der Industriewerke Sachsen-Anhalt«. Bei Vereinnahmung der »Metallindustrie Schönebeck« entstand dann unter der Firmierung »IFA – Vereinigung Volkseigener Fahrzeugwerke, Werk Schönebeck/Elbe« ab 1. 7. 1948 auf dem Gelände der »Metallindustrie« ein neuer Betrieb. Er wurde später dann nur noch kurz »VEB Schlepperwerk Schönebeck/Elbe« genannt. Die Umbenennung in »Traktorenwerk Schönebeck/Elbe« erfolgte im Februar 1955.
Ohne die Aktivitäten der annähernd zur gleichen Zeit eingerichteten weiteren zwei traktorenproduzierenden Werke zu schmälern, kann man Schönebeck als Keimzelle des DDR-Traktorenbaues bezeichnen.
Die Konstruktionszeichnungen des FAMO-Radschleppers wurden überarbeitet und der darauf basierende Radschlepper als RS 01/40 »Pionier« bezeichnet. Da in Schönebeck keine Fertigungsmöglichkeiten bestanden, wurde die Produktion des Schleppers im Horch-Werk Zwickau aufgenommen und dort 1949/1950 durchgeführt. Schönebeck war an dieser Fertigung durch Lieferung bestimmter Teile beteiligt.
In Schönebeck wurde auch die erste Neukonstruktion des DDR-Schlepperbaues konzipiert, der RS 04/30. Als weitere interessante Konstruktion aus dieser Zeit ist der KS 06, ein Kettenschlepper, mit sehr futuristischem Design und technischen Details zu nennen. Mit weiteren Entwicklungen wurde das Schönebecker Werk der ihm zugeordneten Aufgabe als Forschungs- und Entwicklungsbetrieb für den Traktorenbau gerecht.
Der richtige Einstieg in die Traktorenproduktion erfolgte mit dem Geräteträger RS 08/15, dessen Grundkonzept auf Egon Scheuch zurückgeht, einen in Erfurt ansässig gewesenen Landtechniker. Mit seinem erstmals 1949 vorgestellten »Maulwurf«, es wurde seinerzeit der Begriff »Ackerbaumaschine« gebraucht, erregte er einiges Aufsehen. Das Schönebecker Werk wurde mit der Weiterentwicklung des Scheuch'schen Entwurfs beauftragt, dessen Serienfertigung dann im Dezember 1952 anlief.
Die mit einem Zweitakt-Zweizylinder-Benzinmotor ausgerüstete und ohne hydraulische Einrichtungen arbeitende Maschine kam jedoch sehr bald in die Kritik. Bei Beibehaltung des Konstruktionsprinzips erfolgte die Umrüstung

auf einen Dieselmotor (zunächst in Lizenz der Firma Warchalowski, Wien) mit mehreren entwicklungsbedingten Leistungsstufen von 15 bis 18 PS. Mit anderen Motorenausführungen kam es zu weiteren Leistungssteigerungen auf 25 PS und 30 PS. Die Geräteträger-Ära lief 1972 aus.
Inzwischen war in Schönebeck der ZT 300 in die Serienproduktion gegangen. Seine Fertigung erfolgte in verschiedenen Varianten. Eine Weiterentwicklung gab es dann ab 1984 mit dem ZT 320 und Varianten.
Im Jahr 1972 wurde das Traktorenwerk Schönebeck in den Kombinatsverband Fortschritt Neustadt/Sachsen eingegliedert. Ab diesem Zeitpunkt wurde dann neben dem Zugtraktor auf einer Wechselfließreihe der Feldhäcksler E 280 montiert.
Der Zusammenschluss der beiden Schönebecker Betriebe Traktorenwerk und Dieselmotorenwerk erfolgte 1985.
Wie in allen Großbetrieben der DDR kam es auch hier 1990 zum Zusammenbruch. In der Folgezeit unternommene Versuche, mit Deutz-Fahr, Schlüter beziehungsweise Claas ins Geschäft zu kommen, zerschlugen sich. Zur Zeit bemüht sich das Unternehmen Doppstadt, die Produktion aufrecht zu erhalten und auszubauen.

Das Schlepperwerk Nordhausen

Bis zur Beendigung des Zweiten Weltkrieges im Frühjahr 1945 gab es in Nordhausen zwei Unternehmen, die mit dem Schlepperbau befasst waren: das Werk MBA (Maschinenbau und Bahnbedarf AG) und das Werk NORMAG (Nordhäuser Maschinenbau AG). Die Schlepper beider Betriebe wurden auch in den Schell-Plan übernommen. Die Schlepperfertigung bei der MBA endete allerdings 1942, da der Betrieb voll auf Kriegsproduktion umgestellt wurde. Von der MBA sind die beiden Schleppertypen SA 751 (30 PS) und SB 751 (15 PS) am bekanntesten, von der NORMAG die Typen NG 10, NG 22 und NG 25.

Das Schlepperwerk Nordhausen wurde auf dem Gelände der ehemaligen MBA eingerichtet. Die schweren Luftangriffe auf die Stadt Nordhausen Anfang April 1945 hatten die Werksanlagen von MBA gut überstanden, nicht aber die nachfolgende Demontage, bei der nicht nur alle produktionswichtigen Teile in die Sowjetunion (SU) abtransportiert wurden: Bis auf einige wenige Gebäude wurde die gesamte vorhandene Bausubstanz gesprengt.
Vorläufer der MBA war die Firma Orenstein und Koppel, Maschinenfabrik Montania, Nordhausen, die im Zuge der Arisierung des Betriebes 1935 in »Maschinenbau und Bahnbedarf AG Nordhausen« umbenannt worden war. Da der Name der ehemaligen Firma Weltruf hatte, wurde in diesem Namen noch einige Jahre der Zusatz »vormals Orenstein und Koppel« mitgeführt.
Bereits Anfang Juni 1945 wurde die »Montania GmbH Nordhausen« wieder gegründet. Auf dem ehemaligen MBA-Gelände wurden Eisenbahnwaggons repariert und Schlepperersatzteile sowie Bedarfsgegenstände für die Bevölkerung hergestellt. Auch ein neuer Motor sollte entstehen. Diese Aktivitäten endeten aber mit der schon vorstehend angeführten Demontage.
Anzumerken wäre, dass Nordhausen ursprünglich von den Amerikanern besetzt war, im Zuge der Grenzfestlegungen für die Aufteilung der Besatzungszonen aber dann der Sowjetischen Besatzungszone (SBZ) zugeordnet wurde.
Die »Montania GmbH« war stark an der Aufnahme einer Schlepperproduktion interessiert. Es wurden Anstrengungen unternommen, die Stadt Nordhausen in die Aktiengesellschaft mit einzubeziehen. Ein Versuch, der aber fehlschlug. Es wurde stattdessen der »Landeseigene Betrieb (LEB) Motoren und Fahrzeugbau Nordhausen« gegründet, der aber nicht lange Bestand hatte, da durch die wirtschaftlichen Umstellungen in der SBZ der Betrieb der Industrievereinigung Fahrzeugbau (IFA) angeglie-

dert wurde und damit ab 1. Juli 1948 die Firmierung »VEB IFA Schlepperbau Nordhausen« erhielt. Die noch bestehende »Montania AG« wurde in die treuhänderische Verwaltung durch das Schlepperwerk übergeben. Damit kam das gesamte Vermögen in staatlichen Besitz, und so endete auch die Geschichte der »Montania«.

Der Name »NORMAG« ist eng mit dem der Firma Schmidt, Kranz u. Co verbunden, einer traditionsreichen Nordhäuser Maschinenbaufirma, die ihren Ursprung im 1841 gegründeten Unternehmen des Kupfer- und Messingschmiedes Oscar Kropff hatte. Es ist hier nicht der Raum, die Historie dieses Unternehmens umfassend darzustellen. Deshalb sollen nur die Fakten angeführt werden, die zum Schlepperbau Bezug haben.

Bereits 1931 stellte man einen Schlepper vor, der mehr einem Einachsschlepper ähnelte. Durch ein zweirädriges Fahrgestell konnte die Vorderachse, die den gesamten Antrieb trug, zu einem vierrädrigen Gefährt umfunktioniert werden. Ebenso war es möglich, den Hinterachsträger bei Fortfall der Räder so auf einen eigens dafür vorgesehenen Pflug aufzusetzen, dass dadurch unter Einbezug der Pflugräder eine vierrädrige Einheit entstand. Gelenkt wurde nach Art der Drehschemellenkung. Es waren zwei Typen vorgesehen, einer mit 16 PS, der andere mit 20 PS. Den spärlich vorliegenden Angaben ist zu entnehmen, dass als Motor eine Konstruktion verwendet wurde, die dem Huber'schen Prinzip (Lanz) ähnelte. Die Schlepperkonstruktion konnte sich allerdings nicht durchsetzen.

1935 griff man den Gedanken des Schlepperbaues wieder auf. Grund dafür war das allgemeine Verlangen der Landwirtschaft nach motorischer Zugkraft. Eng mit der neuen Entwicklung verbunden ist der Name Erwin Peukert, auf dessen Reißbrett der Schlepper entstand.

1937 wurde die »NORMAG« als eigenständige Firma ins Handelsregister eingetragen.

Die weitere Geschichte des Betriebes nach dem Zweiten Weltkrieg ist wechselhaft. Mit dem Rückzug der amerikanischen Truppen aus dem Thüringer Raum verließ auch der damalige Firmeninhaber Nordhausen und gründete in Zorge/Harz einen neuen Betrieb, der die Tradition des Schlepperbaues fortsetzte. Die Firma in Nordhausen kam unter Sequester. Die einzelne weitere Entwicklung kann hier nicht im Detail ausgeführt werden. Mitte 1948 wurde der »Maschinenbau Nordhausen«, so die zwischenzeitliche Bezeichnung, der VVB ABUS Halle zugeordnet.

Aus den Beständen der ehemaligen »NORMAG« sind auf jeden Fall, das zeigen die Ereignisse, Konstruktionsdokumente wie auch angearbeitete Schlepperteile in das neu gebildete Schlepperwerk Nordhausen gelangt. Die insgesamt unklaren Angaben, die zu diesem Sachverhalt vorliegen, führten auch dazu, dass in verschiedenen Publikationen zur Geschichte des Schleppwerkes die »NORMAG« als Ausgangsbetrieb dargestellt wird beziehungsweise zu der Aussage, dass das Schlepperwerk eine Vereinigung der »MBA« und der »NORMAG« war. Dieser Behauptung kann jedoch nur im weitesten Sinne zugestimmt werden.

Der erste im Schlepperwerk Nordhausen gefertigte Traktor, die »Brockenhexe« mit der technischen Bezeichnung RS 02/22, wurde im Juni 1949 ausgeliefert. 1950 wurde die Fertigung des RS 01/40 »Pionier« vom Horchwerk in Zwickau übernommen, der als RS 01/40-II »Harz« ab 1956 weiter gebaut wurde. Parallel dazu lief ab 1953 die Fertigung des Vielzweckschleppers RS 04/30 an, der dann 1956 durch den »Favorit«, später als »Famulus« bezeichnet, abgelöst wurde.

Zugunsten einer ausschließlichen Motorenproduktion wurde im Juni 1965 die Schlepperfertigung vollständig eingestellt und der Betrieb erhielt die Bezeichnung »VEB IFA Motorenwerke Nordhausen«. Langjähriges Erzeugnis war die Motorenbaureihe VD 14,5/12, die in entsprechend modifizierten Formen im ZT 300 und

Folgetypen, im Mähdrescher E 512 und im LKW W50 eingebaut wurde.
Nach 1990 brach in diesem Unternehmen alles zusammen. Unter verschiedenen Firmenbezeichnungen und Eigentümern wurde versucht, den Motorenbau aufrecht zu erhalten. Eine Bedarfsnische sah man in pflanzenölbetriebenen Motoren mit der Entwicklungsrichtung zu Pflanzenöl-Blockheizkraftwerken (BHKW).
In neuester Zeit werden Ingenieurleistungen für hochleistungsfähige Verbrennungsmotoren für Diesel, Benzin, Gas und alternative Brennstoffe bereitgestellt und der Prototypenbau angeboten. Eingeschlossen ist die Entwicklung entsprechender Messgeräte.

Die Brandenburger Traktorenwerke

Warum bei diesem Betrieb in der letzten gültigen Betriebsbezeichnung der Plural angewandt wurde, konnte im Vorfeld nicht geklärt werden. In den 16 Jahren Traktorenbaugeschichte (1949 bis 1965) gab es in diesem Unternehmen reichlich Turbulenzen, so dass der historische Überblick nur in groben Zügen gegeben werden kann.
Wie für die meisten Industriebetriebe der DDR gibt es eine Vorgeschichte, eine Firma und deren Gelände, die die Grundlage für ein späteres Werk wurden. Die Geschichte der Brandenburger Traktorenwerke ist verbunden mit der der Brennaborwerke. Der Ursprung der Brennaborwerke geht auf das Jahr 1871 zurück. Im damaligen Reichsteinschen Familienbetrieb wurden Kinderwagen hergestellt. Als Anfang der achtziger Jahre des 19. Jahrhunderts die ersten englischen Fahrräder nach Deutschland kamen, erkannte Reichenstein sehr schnell die Bedeutung dieses Produktes. Bereits 1892 standen die ersten eigenen Fahrräder auf einer nationalen Fahrradausstellung in Leipzig. Gleichzeitig kam es zur Namensgebung »Brennabor«, ein Markenzeichen, das später auf die gesamte Firma übertragen wurde. Die begonnene Motorisierung des Fahrrades wurde durch den Ersten Weltkrieg unterbrochen. Aber auch der Automobilbau reizte. Schon 1907 gab es die dreirädrige »Brennaborette«. 1908 stand ein neues Fahrzeug auf vier Rädern.
Im Ersten Weltkrieg wurde das Werk in die Kriegsproduktion einbezogen, die aber sofort nach Beendigung des Krieges wieder eingestellt wurde. Die Automobilproduktion wurde wieder aufgenommen und auch auf Lastkraftwagen ausgedehnt. Die Anfang der dreißiger Jahre einsetzende Absatzkrise brachte das Unternehmen an den Rand des Konkurses. Durch ein Vergleichsverfahren wurde eine Aktiengesellschaft gegründet. Sie erhielt 1932 den Namen »Brennabor-Werke AG«.
Die Fahrrad- und Kinderwagenfertigung sowie die umstrittene Automobilherstellung wurden wieder aufgenommen. Mangelndes Interesse an Brennabor-Autos führte aber bereits 1933 zur Einstellung der Automobilproduktion. Bauteile für andere Industriezweige und Metallwaren füllten die Lücke.
Die Metallwarenproduktion wurde ab 1935 in das anlaufende Rüstungsprogramm einbezogen. Unter anderem wurden Geschützlafetten hergestellt.
Die Gefechtshandlungen im Frühjahr 1945 führten zu Gebäudeschäden im Werksgelände. Im Oktober 1945 wurde die Brennabor AG sequestiert und unter Besatzungsrecht gestellt. Im Zuge der nachfolgenden Demontage der Industriebetriebe wurden in den Brennabor-Werken die verwendungsfähigen Maschinen und Anlagen abgebaut, eine Zerstörung der Betriebsanlagen unterblieb aber.
Im Rahmen der Ingangsetzung der Wirtschaft in der SBZ erhielt auch der Traktorenbau eine bestimmte Bedeutung. Der Leiter der »Wisco-Fahrzeug- und Generatoren KG« in Beeskow/Mark, Dr.-Ing. Herbert Isendahl, erhielt von der Brandenburger Landesregierung den Auftrag, in Anbetracht der schlechten Situation bei flüssigen Treibstoffen einen Traktor mit Gasgenerator zu entwickeln. Mitte des Jahres 1948 konnte der Gasgenerator-Schlepper

»Solidarität« zur Erprobung bereitgestellt werden. Da in Beeskow die Fertigungskapazitäten nicht ausreichten, wurde das ehemalige Werksgelände der Brennabor AG dafür ausersehen. Darauf sollte ein landeseigenes Traktorenwerk aufgebaut werden. Die im August 1948 begonnen Aufräumungsarbeiten können somit als Geburtsstunde der Brandenburger Traktorenwerke angesehen werden. Das neu gebildete Unternehmen erhielt die Bezeichnung »VEB Brandenburger Traktorenwerk«, eine Bezeichnung, die sich mehrfach änderte.
Der Gasgenerator-Schlepper fiel bei der Eignungsprüfung durch. Aufbauend auf die Entwicklungsergebnisse von Orenstein und Koppel in Babelsberg für einen Zweizylinder-Dieselmotor in V-Form und einem vom Gasgenerator her bekannten kurzbauenden ZF-Getriebe wurde daraufhin der Schlepper »Aktivist« entwickelt. Im Juni 1949 begann dafür die Serienproduktion. Die konstruktive Eigenart wie auch fertigungstechnische Mängel brachten die Maschine bald in Verruf, was zur Produktionseinstellung führte.
Um das Werk zu erhalten, bemühte man sich um einen Nachfolgetraktor. Das aber war kein eigenständiges Anliegen der Werkleitung, sondern entsprach den Planungsabsichten der Verantwortlichen der DDR-Wirtschaft. Es zerschlugen sich die angestrebten Produktionsaufnahmen für den Schlepper RS 04/30 wie auch für den RS 08/15. Mit der Übernahme der Kettenschlepperfertigung ergab sich dann eine gewisse Stabilisierung. Als Erzeugnisse wurden bekannt: KS 07/62, KS 30 und die darauf basierenden Planierfahrzeuge. Es gab sogar eine Eigenentwicklung: den Kettenschlepper KS 29. Er ging aber nie in Serie. Erhebliche Exporteinbrüche wie auch eine wachsende Abneigung der Betreiber gegenüber dem materialintensiven Kettenschleppereinsatz (obwohl als schwere Zugeinheit gefragt) führten zur Reduzierung der Traktorenproduktion und verstärkten Profilierung auf den Getriebebau für Traktoren ab 1960. Im Laufe des Jahres 1962 wurden die BTW zum ausschließlichen Getriebewerk, vorerst noch für Traktoren, später dann für den LKW-Bau. Die noch auf Sparflamme gehaltene Herstellung von Traktoren und deren Ersatzteile wurde 1965 endgültig beendet. Ab 1. 10. 1965 gab es die neue Betriebsbezeichnung »IFA Getriebewerke Brandenburg«.
In der ZF Friedrichhafen AG fand das Unternehmen 1990 einen potentiellen Partner und konnte aus dem von Juni 1990 bis Juni 1991 bestehenden Stadium als »IFA Getriebewerk Brandenburg GmbH« in die »ZF Brandenburg GmbH« als 100prozentige Tochter der ZF-Gruppe übergehen.

Das Mähdrescherwerk Weimar

Als für die Typvorstellung relevant wird diese ursprüngliche Bezeichnung für das spätere Weimar-Werk gewählt. Die Namensgebung »Mähdrescherwerk Weimar« erfolgte nicht ohne Bezug. Im Jahr 1952 kamen erstmals Mähdrescher des Typs S 4 aus der SU in der Landwirtschaft der DDR zum Einsatz. Sie erwiesen dort ihre Brauchbarkeit, und es wurde deshalb beschlossen, dafür einen Lizenzbau in der DDR durchzuführen.
Der Auftrag dazu wurde dem noch als »VEB Kranbau Weimar« firmierenden Betrieb übergeben, einem Unternehmen, das über eine ganze Reihe von Stationen mit unterschiedlichen Betriebsnamen auf die 1898 gegründete Aktiengesellschaft »Waggonfabrik Weimar« zurückzuführen ist.
Der erste Mähdrescher der Serienproduktion verließ unter der Bezeichnung E 171 im März 1954 das Werk. Bis zur Verlagerung der Mähdrescherfertigung im Jahre 1962 nach Neustadt/Sachsen wurden am ursprünglich bis auf den Motor sehr detailgetreu übernommenen Original eine Reihe von technischen Veränderungen durchgeführt. Auch gab es verschiedene Variationen des ursprünglichen Mähdreschers, mit denen man hoffte, in den Export einsteigen zu können.

In den Jahren 1957/1958 wurden die Prototypen einer neuen Mähdreschergeneration in Musterexemplaren erprobt. Diese Maschine mit der Bezeichnung E 510 wurde dann in Neustadt weiterentwickelt und lief als E 512 zu Tausenden aus den Werkhallen.
In Weimar wurden aber zur Zeit der Mähdrescherproduktion nicht nur diese gebaut, sondern parallel dazu lief auch die Fertigung von Kartoffelvollerntemaschinen, Rübenvollerntemaschinen und Mobilkränen. 1960 kam auch das vom Traktorenwerk Schönebeck entwickelte Seilzugaggregat SZ 24 mit in die Fertigung.
Umprofilierungen im Bauprogramm der DDR-Landmaschinenindustrie führten zur Zusammenlegung mit anderen Werken wie auch zur ` Konzentration auf eine geringere Anzahl von Erzeugnissen im einzelnen Betrieb mit höherem Produktionsausstoß für die jeweiligen Maschinen. Im Herbst 1969 wurde der VEB Weimar-Kombinat gebildet, in dem das seit 1964 so genannte Weimar-Werk den Stammbetrieb darstellte. Fünf weitere wesentliche Betriebe der Landmaschinenindustrie gehörten zu diesem Kombinat.
Hauptproduktion in Weimar wurden Kartoffelvollerntemaschinen sowie Mobilkräne und Mobilbagger mit hydraulischem Antrieb.
Nach 1990 wurde das Stammwerk in Weimar in Einzelunternehmen aufgegliedert.

Das Kombinat Fortschritt Landmaschinen Neustadt/Sachsen

Das Kombinat Fortschritt Landmaschinen Neustadt/Sachsen kann man als Kombinat der Kombinate bezeichnen, vereinigte es doch in den achtziger Jahren alle irgendwie mit der Herstellung und dem Vertrieb von Maschinen zur Durchführung von landwirtschaftlichen Arbeitsprozessen befassten Betriebe.
Ostsachsen war schon vor 1945 ein Zentrum für die Produktion von Getreideerntemaschinen. 1949 wurde die Hering AG in Neustadt/Sachsen zum VEB Fortschritt Landmaschinen. Im Mai 1951 erfolgte der Zusammenschluss mit weiteren vier Betrieben zu einem der ersten Kombinate in der DDR. Wie schon beim Traktorenwerk Schönebeck dargestellt wurde dasselbe 1972 angegliedert. 1978 führte die Zusammenlegung des Kombinates Fortschritt Landmaschinen, des Weimar Kombinates, des Kombinates Impulsa Elsterwerda und der Anschluss des Binnenhandelsorgans Kombinat Agrotechnik mit gleichzeitiger Einrichtung eines speziellen Außenhandelsorgans für Landmaschinen und Traktoren zur Bildung eines neuen Kombinates. Über 60 000 Menschen waren darin in 81 Betrieben beschäftigt. Zum Zeitpunkt des Zusammenschlusses realisierte dieses neu gebildete Kombinat 2 % der industriellen Warenproduktion der DDR. Weitere Aussagen zum Kombinat Fortschritt Landmaschinen Neustadt/Sachsen würden zu detaillierte Angaben zum Wirtschaftssystem der DDR insgesamt erfordern und deshalb den Rahmen dieses Buches sprengen.

Die Typenbezeichnung bei den DDR-Traktoren

Mit Beginn der staatlich gelenkten Traktorenproduktion wurde bei Anwendung der ersten Buchstaben der gängigen Schlepperbezeichnungen »Radschlepper« und »Kettenschlepper« unter Zusatz einer mit 01 und durch Schrägstrich abgeteilten weiteren zweistelligen Zahl eine Typenbezeichnung geschaffen, die herstelleranonym, aber trotzdem relativ informativ war. Das ergab eine Aussage wie z. B. »RS 01/40«. RS stand für Radschlepper, 01 war die erste Eigenproduktion der DDR. Die 40 war die Leistungsangabe in PS. Der damaligen Tradition gemäß wurde der Zahlenkombination noch eine Wortdarstellung beigefügt, die im allgemeinen Sprachgebrauch häufiger angewandt wurde als die technische Bezeichnung. Es war vorgesehen, Typveränderungen in dieser Zahlenkombination mit einer durch Bindestrich folgenden arabischen Zahl kenntlich zu machen.

Beginnend mit der Produktion des RS 09 und insbesondere der Weiterentwicklung seiner Motoren entstanden erste Probleme in der Beibehaltung dieses Konzepts.
Der allgemeinen Tendenz folgend, den Begriff Schlepper nur noch bedingt anzuwenden, wurden Anfang der sechziger Jahre die Abkürzungen RT für Radtraktor, GT für Geräteträger und KT für Kettentraktor eingeführt. Auch ES für Einachsschlepper fand Anwendung. Es folgten durch weitere Spezialisierung zur Anpassung an den Einsatzzweck Kennzeichnungen wie ZT für Zugtraktor, TT für Tragtraktor, HT für Hoftraktor, UT für Universaltraktor. Die PS-Angabe entfiel. Dafür wurde an das Buchstabenkürzel eine dreistellige Zahlenkombination angefügt, die einer neuen Konstruktionsbezeichnungssystematik entsprach.
Angeführt werden muss, dass im allgemeinen Schrift- und Sprachgebrauch besonders mit den anfänglichen Typenbezeichnungen relativ großzügig umgegangen wurde. Statt RS 08/15 wurde einfach geschrieben RS 15, statt RS 04/30 RS 30. Aus der KS 07/62 (anfangs gab es auch noch die Kennzeichnung KS 07/60) wurde die KS 62. Für denjenigen, der eine chronologische Kennzeichnung verfolgen will, kann das verwirrend werden.
Die vereinzelt in Betrieben mit staatlicher Beteiligung beziehungsweise in Produktionsgenossenschaften des Handwerks (PGHs) gefertigten Traktoren hatten in den meisten Fällen eigenständige Bezeichnungen. Die bei den technischen Daten zu anderen Publikationen vorliegenden Abweichungen sind durch die Benutzung unterschiedlicher Quellen bedingt. Leider sind auch durch die Werke in Bedienungsanleitungen, Reparaturhandbüchern und Werbeschriften nicht immer einheitliche Angaben gemacht worden. Das war nicht nur eine Folge von technischen Änderungen.

Dank
Bedanken möchte ich mich bei allen, die ich mit meinen Fragen genervt habe und die mir trotzdem hilfreiche Unterstützung gaben. Besonderer Dank gilt Herrn Wolfgang Gebhardt, der mir großzügig sein Bildarchiv zur Verfügung stellte.

RS 01/40 »Pionier«

Nachdem in Schönebeck durch ehemalige Mitarbeiter der FAMO-Werke die Konstruktionsunterlagen des FAMO-Schleppers XL überarbeitet und den gegebenen Fertigungsmöglichkeiten angepasst worden waren, wurde das Horchwerk in Zwickau mit der Produktionsdurchführung beauftragt, da in Schönebeck noch keine Fertigungseinrichtungen zur Verfügung standen.
Auf der Messe in Leipzig wurde 1949 ein gefertigter Schlepper noch mit dem FAMO-Emblem ausgestellt. Nach vorliegenden Angaben sollen in Zwickau 2250 Maschinen hergestellt worden sein. Die Hauptfarbe war ein Grünfarbton. 1950 wurde die Produktion ins Schlepperwerk Nordhausen verlagert.

Wohl die erste Präsentation eines noch in der SBZ (Sowjetischen Besatzungszone) gebauten Schleppers, der dann später auch in Serie ging. Die im Hintergrund links erkenntliche Firmenbezeichnung lässt teilweise den Schriftzug »Fahrzeugbau Schönebeck« erkennen. Das war der Vorläuferbetrieb des Schlepperwerkes Schönebeck, der ab Februar 1947 bestand. Da zu dieser Zeit noch keine Möglichkeiten für eine Schlepperproduktion bestanden, ist anzunehmen, dass der vorgestellte Schlepper mit aus Breslau umgelagerten Teilen aufgebaut wurde.

Hersteller:	Horch Zwickau
1. Baujahr / Bauzeit:	1949 / 1950
Fahrzeugart:	Radschlepper, Standard, Blockbauweise
Motorenhersteller:	Horch Zwickau
Motorenbauart:	4-Takt-Diesel, 4 Zyl., Reihe, WK
Motorenbezeichnung:	4F145 BE
Bohrung x Hub (mm):	105 x 145
Hubraum (l):	5,02
Leistung (PS/kW):	40/29,5
Antrieb:	Hinterrad
Getriebe:	5v/1r
Höchstgeschw. (km/h):	17,5
Radstand (mm):	2080
Spur v/h (mm):	1290/1390
Gewicht (kg):	3200
Reifen:	v. 6,50-20 extra, hi. 12,75-28 AS
Bremsen:	Feststellbremse: Bandbremse/Getr.; Betriebsbremse: Innenbacken/ Hinterrad, mech.
L x B x H (mm):	3475 x 1728 x 2180
Riemenscheibe (Ø mm / U/min):	350 / 870
Zapfwelle (U/min):	540 / hinten / fahrkuppl.-abh.
Hydraulik:	keine

Der Schlepper zeigt sich noch im typischen FAMO-Look, erkenntlich am Lampenhalter und der Luftfilterausführung.

RS 01/40-1 »Pionier«

Die im Titel angeführte Typenbezeichnung ist weniger bekannt geworden. Nach der Produktionsübernahme von Zwickau wurde anfänglich nach den ursprünglichen Zeichnungsunterlagen in Nordhausen weitergebaut. Eine wesentliche Konstruktionsänderung trat 1953 mit der Einführung eines überarbeiteten Motors ein. Obwohl die Kompression beim Anlassen bereits vermindert worden war, erforderte das Benzinanlassverfahren immer noch einen erheblichen Kraftaufwand. Es wurde deshalb durch ein Druckluftanlassverfahren ersetzt. Auch sollte der »Kettenanlasser« (das Anschleppen) wegen seiner materialbeanspruchenden Folgen abgeschafft werden. Dieser Weg musste gegangen werden, da für den Elektrostart noch nicht genügend Anlasser und Akkumulatoren zur Verfügung standen. Das Druckluftanlassverfahren zeigte sich aber in der Praxis als sehr störanfällig, so dass dann in Folge einer sich verbessernden Materialsituation letztendlich doch Elektrostarter zum Einsatz kamen.

DL stand für Diesel/Luft. Durch den Einsatz der Elektrostarter änderte sich das Kürzel in DE.

Von den Typen RS 01/40 und RS 01/40-1 wurden 20123 Maschinen gebaut. Die Hauptfarbe war ein Grünton.

Das Bild zeigt einen »Pionier« mit Elektrostarteinrichtung. Die beiden rechts und links vor dem Fahrerhaus angebrachten Batteriekästen sind ein Merkmal dafür.

Hersteller:	Schlepperwerk Nordhausen
1. Baujahr / Bauzeit:	1950 (1953) / 1956
Fahrzeugart:	Radschlepper, Standard, Blockbauweise
Motorenhersteller:	Schlepperwerk Nordhausen
Motorenbauart:	4-Takt-Diesel, 4 Zyl., Reihe, WK
Motorenbezeichnung:	4F 145 DL
Bohrung x Hub (mm):	105 x 145
Hubraum (l):	5,02
Leistung (PS/kW):	42/30,9
Antrieb:	Hinterrad
Getriebe:	5v/1r
Höchstgeschw. (km/h):	17,5
Radstand (mm):	2080
Spur v/h (mm):	1290/1390
Gewicht (kg):	3200
Reifen:	v. 6,50-20 extra, hi. 12,75-28 AS
Bremsen:	Feststellbremse: Bandbremse/Getr.; Betriebsbremse: Innenbacken/ Hinterrad, mech.
L x B x H (mm):	3475 x 1728 x 2180
Riemenscheibe (Ø mm / U/min):	350 / 870
Zapfwelle (U/min):	540 / hinten / fahrkuppl.-abh.
Hydraulik:	keine

Ein RS 01/40-1. Der Druckluftbehälter ist vor dem rechten Hinterrad gerade noch unter dem Luftfilter zu erkennen. Interessant an diesem Bild ist die Ausstattung des Schleppers mit einer Dreipunkthydraulik. Das Nachladen des Druckluftbehälters erfolgte über eine entsprechende Einrichtung über den Zylinder 1. Zu diesem Zweck wurde die Kraftstoffeinspritzung unterbrochen. Fehlbedienungen beim Ladevorgang führten zu Kesselexplosionen.

Die Anbauhalbraupen, Typenbezeichnung Z 301, wurden anstelle der Hinterräder angebaut und sollten für schwere Zugarbeiten und bei der Hackfruchternte Verwendung finden. Die Fahrgeschwindigkeit in den einzelnen Gängen wurde um den Faktor 0.56 reduziert. Für den Anbau waren einige Umbauten am Originalschlepper erforderlich, die aber dauerhaft belassen werden konnten. Notwendig war vor allem die Umrüstung der Betriebsbremse auf Einzelradbremsung, um den Lenkvorgang zu unterstützen. Da der »Harz« im Grundaufbau dem »Pionier« entsprach, konnten die Halbraupen auch an diesen angebaut werden.
Die Halbraupen konnten sich im Einsatz nicht bewähren. Erheblicher Nachteil war der hohe Verschleiß. Hergestellt wurden sie anfänglich in den Brandenburger Traktorenwerken, später dann im VEB Maschinen- und Apparatebau Halle-Bischdorf.

RS 01/40 II »Harz«

Mit dem »Harz« begann in Nordhausen eine Umgestaltung der äußeren Erscheinung. Die Schlepperfront zeigte sich in gerundeten Formen. Weitere konstruktive Maßnahmen am Motor machten ihn reparaturfreundlicher. Zum Kolben- und Buchsenwechsel brauchte jetzt nicht mehr der gesamte Motor ausgebaut zu werden. Die Umgestaltung der Vorderachse auf Einzelradfederung brachte bei ihr eine größere Bodenfreiheit. Beim »Pionier« erreichte der Vorderachskörper beim Tiefpflügen das Erdreich und schob es vor sich her. Aber auch die Anbaumöglichkeit einer Zusatzhydraulik, die auch beim »Pionier« verwendet werden konnte, konnte das Aus der RS-01/40-Baureihe nicht verhindern. Eines der wesentlichsten Probleme war die Zapfwelle, weil sie nur über die Fahrkupplung geschaltet werden konnte, was sich zunehmend als Hindernis beim Einsatz von zapfwellengetriebenen Erntemaschinen erwies. Es gibt Hinweise, nach denen in der RS-01/40-Reihe etwa 10 Schlepper mit einem veränderten Getriebe gebaut worden sein sollen, um damit eine Höchstgeschwindigkeit von etwa 30 km/h zu erreichen. Die Angaben dazu sind noch ungesichert. Vom »Harz« wurden 2175 Maschinen gebaut. Die Hauptfarbe war ein Grünton. Es wurden aber auch Maschinen in Rot ausgeliefert.

Hersteller:	Schlepperwerk Nordhausen
1. Baujahr / Bauzeit:	1957 / 1958
Fahrzeugart:	Radschlepper, Standard, Blockbauweise
Motorenhersteller:	Schlepperwerk Nordhausen
Motorenbauart:	4-Takt-Diesel, 4 Zyl., Reihe, WK
Motorenbezeichnung:	4F 145 DE
Bohrung x Hub (mm):	105 x 145
Hubraum (l):	5,02
Leistung (PS/kW):	42/30,9
Antrieb:	Hinterrad
Getriebe:	4v/1r
Höchstgeschw. (km/h):	17,5
Radstand (mm):	2080
Spur v/h (mm):	1290/1390
Gewicht (kg):	3200
Reifen:	v. 6,50-20 extra, hi. 12,75-28 AS
Bremsen:	Feststellbremse: Bandbremse/Getr.; Betriebsbremse: Innenbacken/ Hinterrad, mech.
L x B x H (mm):	3475 x 1728 x 2180
Riemenscheibe (Ø mm / U/min):	350 / 870
Zapfwelle (U/min):	540 / hinten / fahrkuppl.-abh.
Hydraulik:	Anbau einer Zusatzhydraulik möglich

Der »Harz« mit einem Wetterverdeck. Wenn auch der Blechkasten vom »Pionier« nicht mehr zum Einsatz kam, so war doch das Aussehen durch diese Konstruktion auch nicht gerade ästhetischer geworden.

Mit dem Schlepper »Harz« hielt die Farbe Rot Einzug in Nordhausen. In Rot wurden dann auch die ersten Maschinen der RS-14-Serie ausgeliefert.

»Pionier« – Raritäten

Der schon auf Seite 18 im unteren Bild gezeigte RS 01/40-1 lässt für den Uneingeweihten die Druckluftanlage nur schwer erkennen. Im Bild unten dagegen ist sehr deutlich der Druckluftbehälter zu sehen. Leider sind bei der Umrüstungsaktion der ehemaligen Maschinen mit Druckluftanlassung auf Elektrostart alle für die Druckluftanlassung benötigten Teile verschrottet worden, sodass ein solcher Schlepper wahrscheinlich nicht mehr im Original betrachtet werden kann. Die Vorführung des Startvorganges bei einem solchen Oldtimer dürfte eine Sensation sein.
Der »Pionier« mit Großtank, wie er im Bild auf der gegenüberliegenden Seite oben rechts zu sehen ist, blieb wohl nur Dank der Weitsicht erhalten, bei seiner Rekonstruktion großen Wert auf die Darstellung des Besonderen zu legen. Dieser Tank mit einem Fassungsvermögen von 160 Litern wurde als Nachrüstungsteil geliefert. (Die Auslieferung ab Werk erfolgte grundsätzlich nur mit Originaltank). Mit dem Großtank sollte ein Zweischichteinsatz ermöglicht werden, ohne zwischendurch auftanken zu müssen. Die abgebildete Maschine ist deshalb ein wertvoller Beitrag zur Geschichte des RS 01/40.
Ein besonderes Stück Traktorengeschichte ist der »Münch-Pionier«, zu sehen im Bild auf der gegenüberliegenden Seite unten. Nach der Einstellung der Schlepperproduktion in Nordhausen hat die Firma Münch in Grumbach große Mengen von Restbeständen erworben, unter diesen auch komplette Getriebe. Mit originalen Motorteilen und den Getrieben entstand ein neuer »Pionier« mit ansprechendem Design. Die Maschinen kamen vorrangig im Umfeld des Herstellungsortes zum Einsatz. Der vorgestellte Schlepper ist eine gelungene Restaurationsarbeit des Besitzers.

(Foto:
J. Hintermeier,
Besitzer)

(Foto:
W. Großer,
Besitzer)

RS 02/22 »Brockenhexe«

Die »02« in der Typenbezeichnung zeigt an, dass die »Brockenhexe« der zweite Traktorentyp war, der im Traktorenbauprogramm im Osten Deutschlands in die Serienproduktion übernommen wurde. Mit dem Typ RS 02/22 begann in Nordhausen nach dem Zweiten Weltkrieg in dem ab 1. Juli 1948 unter der Firmenbezeichnung »IFA Schlepperwerk Nordhausen« eingerichteten Betrieb offiziell die Traktorenproduktion. Die »Brockenhexe« war keine reine Neukonstruktion, viele Details waren von MBA und Normag übernommen worden. Als Motor wurde der schon im NG 10 bewährte F2M 414 von Deutz als Lizenzproduktion verwendet. Das Schleppertriebwerk A 12 mit dem Getriebe K 30 D von ZF diente der Kraftübertragung auf die Hinterräder.
Eine erste Präsentation der Maschine erfolgte 1949 auf der Frühjahrsmesse in Leipzig.
Zwar half die »Brockenhexe«, die erste Mechanisierungslücke in der zwischenzeitlich propagierten
DDR zu schließen, doch schon 1952 wurde die Produktion nach 1935 gefertigten Maschinen wegen der als zu gering eingeschätzten Leistung eingestellt. Eventuell spielten auch Lizenzfragen eine Rolle, die verschiedenen Ausführungen mit drei verschiedenen Einspritzpumpensystemen scheinen darauf hinzudeuten. Bei Oldtimerfreunden erfreut sich die »Brockenhexe« in unterschiedlichen Rüstzuständen großer Beliebtheit. Die ursprüngliche Auslieferungsfarbe war Braun-Rot.

Oben links: Ausführung mit der Deutz-Pumpenplatte.

Oben rechts: Hier die Ausführung mit einer L'Orange-Pumpe.

Links: Die letzten Exemplare der »Brockenhexe« erhielten eine IFA-Pumpe. Gut zu erkennen ist, dass bei Verwendung dieser Einspritzpumpe die Einspritzleitungen über Kreuz zu den Einspritzdüsen geführt werden mussten.

Zwar stammen Farbe und Schriftzug nicht vom Original, doch ansonsten wird die Maschine in gutem Erhaltungszustand vorgeführt.

Hersteller:	Schlepperwerk Nordhausen
1. Baujahr / Bauzeit:	1949 / 1952
Fahrzeugart:	Radschlepper, Standard, Blockbauweise
Motorenhersteller:	Schlepperwerk Nordhausen
Motorenbauart:	4-Takt-Diesel, 2 Zyl., Reihe, WK
Motorenbezeichnung:	F2M 414, Lizenz Deutz
Bohrung x Hub (mm):	100 x 140
Hubraum (l):	2,2
Leistung (PS/kW):	22/16,2
Antrieb:	Hinterrad
Getriebe:	4v/1r
Höchstgeschw. (km/h):	16,85
Radstand (mm):	1750

Spur v/h (mm):	1270
Gewicht (kg):	1775
Reifen:	v. 5,50-16, hi. 9,00-24
Bremsen:	Feststellbremse: Bandbremse/Getr.; Betriebsbremse: Innenbacken/ Hinterrad, mech.
L x B x H (mm):	2980 x 1560 x 2160
Riemenscheibe (Ø mm / U/min):	250 / 1340
Zapfwelle (U/min):	540 / hinten / fahrkuppl.-abh.
Hydraulik:	keine

Generatorgasschlepper S 25 »Solidarität«

Die Treibstoffsituation nach dem Zweiten Weltkrieg machte es notwendig, alle Reserven zu erschließen, um die Straßenfahrzeuge einsatzfähig halten zu können. Dazu gehörte auch die weitere Nutzung von Generatorgas aus mobilen Anlagen. Diese Anlagen hatten durch die Maßnahmen während des Krieges einen hohen Fertigungsstand erreicht und versorgten, wenn auch mit bestimmten Zugeständnissen an den Fahrbetrieb, Tausende von Fahrzeugen mit in einem Motor zu verarbeitenden Gas. Im Oktober 1947 erhielt der Technische Leiter der »Wisco-Fahrzeug-Generatorenbau KG« in Beeskow/Mark, Dr. Herbert Isendahl, von der Brandenburger Landesregierung den Auftrag, in Anbetracht der schlechten Benzin- und Dieselsituation einen Traktor mit Generatorgasmotor zu entwickeln. Das Unternehmen in Beeskow hatte sich schon in den 30er Jahren mit der Generatorgastechnik befasst. Das Herzstück des mit dem Prometheus-Vierganggetriebe ausgerüsteten Schleppers, der Motor, wies die Besonderheit auf, dass Teile der Gasanlage direkt mit in den Motor integriert wurden. Dadurch entfielen Rohrleitungen. Der Motor selbst war ein Gegenkolbenmotor mit einem Schwinghebeltriebwerk. Da in Beeskow die Fertigungskapazitäten für eine Serienproduktion nicht ausreichten, wurde dafür das Betriebsgelände der ehemaligen Brennabor-Werke vorgesehen. Daraus entstand dann das spätere Brandenburger Traktorenwerk. Die Einsatzversuche verliefen nicht sehr positiv, sodass wahrscheinlich schon mit dem Prototyp die Fertigung eingestellt wurde. Der Motor mit einem Gesamthubraum von 3981 ccm (Bohrung x Hub = 130 x 300) leistete bei einer Drehzahl von 1000 U/min rund 25 PS. Die Geschwindigkeit lag im Bereich von 3,5 bis 16,0 km/h. Bei der Vorbereitung des S 25 hatte man sich hochgesteckte Ziele gesetzt. 100 Traktoren sollten monatlich das Werk verlassen. Das war auch Ausdruck dafür, dass der Bedarf an Traktoren als sehr groß eingeschätzt wurde.

Es existieren noch weitere Fotos der Maschine, die sie aus einer anderen Perspektive und ohne Fahrerhaus zeigen. Daraus wurde verschiedentlich abgeleitet, dass eventuell doch mehrere Exemplare gebaut wurden.

25-PS-Dampfschlepper Fritsch-Hasenzahl

Not macht bekanntlich erfinderisch, und so erinnerte man sich in Dresden angesichts des grassierenden Treibstoffmangels an eine alte Antriebskraft: den Dampf. Bereits Mitte der 40er Jahre entstand nach den Plänen des Ingenieurs Hasenzahl in der Rosslauer Schiffswerft ein Schlepper mit Dampfantrieb. Der Vierzylinder-Dampfmotor leistete 25 bis 30 PS bei 1200 U/min. Mit einer Betriebsfüllung (Holz, Wasser) konnte das Fahrzeug etwa fünf Stunden arbeiten. Bei der 1948 in Dresden wieder aufgenommenen Einzelfertigung wurden als Betriebsstoffe Briketts bzw. Braunkohle verwendet. Es kam zu keiner Serienfertigung.
Vom Aussehen her erinnert das Fahrzeug an einen Generatorgas-Schlepper. Während diese Maschine auch für den Einsatz auf dem Acker geeignet schien, waren die anderen bei der Lowa gefertigten Dampfzugmaschinen DW 65 und DW 120 reine Straßenzugmaschinen. Auch für diese beiden Typen gab es trotz umfangreicher Präsentation und Versuchsfahrten keine Serienfertigung. Problem war unter anderem die Herstellung der Betriebsbereitschaft, die mehr Zeit in Anspruch nahm als bei einem Fahrzeug mit herkömmlichem Verbrennungsmotor. Die angepriesenen wirtschaftlichen (niedrige Brennstoffkosten) und fahrtechnischen (Anfahren ohne Kupplung und Schaltgetriebe unter Last) Vorteile konnten nicht überzeugen.

Links: Dampfschlepper in der Version von 1948.

Unten: Dampfzugmaschinen DW 65 und DW 120.

RS 03/30 »Aktivist«

Nachdem das Projekt Generatorgasschlepper S 25 gescheitert war, stand das zwischenzeitlich eingerichtete Brandenburger Traktorenwerk (zu dieser Zeit noch landesgeführt) ohne ein zu fertigendes Produkt da. Die Landesregierung beschloss deshalb, die von Konstrukteuren des Karl-Marx-Werkes Babelsberg (vormals Orenstein & Koppel) vorliegenden Arbeitsergebnisse für einen auf Vorkriegsgrundlage entwickelten Zweizylinder-Dieselmotor in V-Form (eingesetzt im SA 754) zu nutzen. Dieser Motor wurde mit dem schon bekannten Prometheus-Getriebe Ass 14 zu einem sehr kurz gebauten Schlepper verbunden. Der Mustertraktor wurde auf der Leipziger Frühjahrsmesse 1949 vorgestellt. Der Produktionsanlauf erfolgte noch im Mai des gleichen Jahres. Die kurze Bauweise hatte aber entscheidende Nachteile: Bei höherer Zugbelastung bäumte sich der Schlepper auf. Eine Veränderung des Vorderachsträgers mit mehr Masse brachte keine entscheidenden Verbesserungen, zumal der Radstand nur um 50 mm (von 1650 auf 1700) verlängert wurde. Die so eingeschränkten Einsatzmöglichkeiten und eine nicht unerhebliche Palette von Fertigungsmängeln führten nach einem Ausstoß von 3761 »Aktivisten« Anfang 1952 zur Einstellung der Produktion. Zu vermerken ist noch, dass, ähnlich wie bei der »Brockenhexe«, durch das Fehlen einer eigenständigen und leistungsfähigen Industrie für Einspritzgeräte in der DDR während der Bauzeit des »Aktivisten« vier verschiedene Einspritzpumpen zum Einsatz kamen. Die Auslieferungsfarbe war grau-blau. Im Verlaufe der Fertigung erhielt der Schlepper auch ein kastenförmiges Fahrerhaus.

Hersteller:	Schlepperwerk Brandenburg
1. Baujahr / Bauzeit:	1949 / 1952
Fahrzeugart:	Radschlepper, Standard, Blockbauweise
Motorenhersteller:	Schlepperwerk Brandenburg
Motorenbauart:	4-Takt-Diesel, 2 Zyl., V-Form, WK
Motorenbezeichnung:	16 V2
Bohrung x Hub (mm):	115 x 160
Hubraum (l):	3,33
Leistung (PS/kW):	30/22
Antrieb:	Hinterrad
Getriebe:	4v/1r
Höchstgeschw. (km/h):	17,8
Radstand (mm):	1700
Spur v/h (mm):	1310/1277
Gewicht (kg):	2250
Reifen:	v. 6,00-16, hi. 9,00-24
Bremsen:	Feststellbremse: Bandbremse/Getr.; Betriebsbremse: Innenbacken/Hinterrad, mech.
L x B x H (mm):	2685 x 1630 x 2300
Riemenscheibe (Ø mm / U/min):	225 / 1400
Zapfwelle (U/min):	540 / hinten / fahrkuppl.-abh.
Hydraulik:	keine

Oben: Gut restaurierter RS 03/30 in früher Ausführung (bis Fz.-Nr. 1200). (Besitzer und Foto: M. Brühl)

Links: Eine Rarität im Museum Ummendorf: Ein Bastler hat die Maschine mit neuem Vorderachsträger ausgerüstet, die alten Blechteile aber belassen. Das skurrile Aussehen vermittelt den Eindruck einer Radstandsverlängerung, die wesentlich größer ausfällt als die werksseitig erreichten 50 mm. (Foto: U. Schmidt)

Ausführung mit neuem Vorderachsträger.

RS 04/30

Der RS 04/30 wurde als Vielzweckschlepper bezeichnet, womit seine universelle Einsatzmöglichkeit gekennzeichnet werden sollte. Er war die erste eigene Nachkriegkonstruktion der DDR, die in die Serienfertigung ging. Mit der Kriechgangunterselzung konnten Arbeitsgeschwindigkeiten ab etwa 1 km/h erreicht werden, was besonders für Pflegearbeiten günstig war. Der hydraulische Kraftheber bestand aus zwei Längsholmen, die am Getriebegehäuse drehbar gelagert und hinten durch eine Anbauschiene verbunden waren. Über zwei Holmhebel und zwei Zugstangen wurde die Verbindung zum Arbeitszylinder hergestellt. Der Anschluss eines freien Arbeitszylinders war möglich.
Es wurden 7574 RS 04/30 gebaut. Die Auslieferungsfarbe war ein Grünton.

Hersteller:	Schlepperwerk Nordh.
1. Baujahr / Bauzeit:	1953 / 1956
Fahrzeugart:	Radschlepper, Standard, Blockbauweise
Motorenhersteller:	Schlepperwerk Nordh.
Motorenbauart:	4-Takt-Diesel, 2 Zyl., Reihe, WK

Motorenbezeichnung:	EM 2-15
Bohrung x Hub (mm):	115 x 145
Hubraum (l):	3,01
Leistung (PS/kW):	30/22
Antrieb:	Hinterrad
Getriebe:	2 Gruppen, 5v/1r
Höchstgeschw. (km/h):	19,0
Radstand (mm):	2000
Spur v/h (mm):	1250/1250; verstellbar 1375/1500
Gewicht (kg):	2600
Reifen:	v. 6,00-20 extra HD, hi. 9,00-40 AS
Bremsen:	Feststellbremse: Getriebeaußenbandbremse; Betriebsbremse: Innenbacken/Hinterrad, mech., Einzelradbremsung möglich
L x B x H (mm):	3500 x 1600 x 2400
Riemenscheibe (Ø mm / U/min):	280 / 1400
Zapfwelle (U/min):	540 / hinten / fahrkuppl.-abh.; Motordrehz. / vorn / gesonderte Lamellenkupplung
Hydraulik:	hydraulisch betätigte Arbeitsschwinge

Etwas hochbeinig wirkte er schon, der RS 04/30. Aber die hohe Bodenfreiheit war mit eines der Konstruktionsziele gewesen. Das Fahrerhaus war geräumig. Der für einen Mitfahrer vorgesehene Klappsitz hinten rechts war allerdings wirklich nur ein Notsitz. Ab Fahrzeug-Nummer 5779 wurde das geschlossene Fahrerhaus durch ein Wetterdach abgelöst.

Die »Scheuch-Raupe«

Über diesen Schlepper gibt es sehr wenig verbindliche Aussagen. Hinsichtlich der Entwicklung des Schlepperbaus in der sowjetischen Besatzungszone ist diese Maschine ein Beweis dafür, dass es schon sehr früh nach Beendigung des Zweiten Weltkrieges unternehmerisches Bestreben war, mit vorhandenen Maschinenteilen aus der Vorzeit Schlepper zu bauen. Ingenieur Egon Scheuch, der sich später mit seiner Geräteträgerentwicklung eine Pionierstellung im Traktorenbau erwarb, stellte schon sehr bald (nach manchen Aussagen schon ab 1945) gemeinsam mit der Maschinenbaufirma Bruno Müller in Triptis aus Überresten von Kettenkrädern der ehemaligen Wehrmacht und Volkswagenmotoren Kettenschlepper her. Auch MAN-Motoren kamen entsprechend des vorliegenden Bestandes mit zum Einbau. Der Einsatz war der Zeit entsprechend regional begrenzt. Zeitzeugen können sich noch an die Maschinen erinnern. Die gesellschaftspolitische Entwicklung im Osten Deutschlands brachte das Aus für die Firma Bruno Müller und beendete deren Versuch, eine Schlepperproduktion aufzubauen. Außer einigen Bildern und Erinnerungen der Zeitzeugen existiert leider kein weiteres Material mehr darüber. Auch Stückzahlen sind nicht zuverlässig zu ermitteln.

KS 07/60 »Rübezahl«

Nachdem der Bau des projektierten KS 06 nicht erfolgte, wurden die Unterlagen der ehemaligen FAMO-Konstruktion reaktiviert und Brandenburg mit dem Bau beauftragt.
Obwohl der Motor noch mit der Benzinanlasseinrichtung versehen war, kam ein 4-PS-Anlasser als Starthilfe zum Einsatz, dessen Leistung dann beim Umbau des Motors auf »Volldiesel« auf 6 PS erhöht wurde. Mit Einbau des neuen Motors wurde auch die äußere Form schon in Richtung KS 30 verändert. Mit dem nach dem Wirbelkammerverfahren arbeitenden Motor erhöhte sich die Leistung auf 62 PS. Damit entstand auch die Bezeichnung KS 07/62. In der Motorenbezeichnung fand das Kürzel D1 Eingang, welches im Laufe der weiteren Entwicklung bis auf D5 gebracht wurde.
Das Kastenlaufwerk erbrachte eine ungünstige Lastverteilung.
Es wurden 5665 KS 07 gebaut. Die Auslieferungsfarbe war ein Grünton.

Hersteller:	Schlepperwerk Brandenburg
1. Baujahr / Bauzeit:	1952 / 1956
Fahrzeugart:	Kettenschlepper, Blockbauweise
Motorenhersteller:	Schlepperwerk Brandenburg
Motorenbauart:	4-Takt-Diesel, 4 Zyl., Reihe, WK
Motorenbezeichnung:	4F 175 BE
Bohrung x Hub (mm):	125 x 175
Hubraum (l):	8,6
Leistung (PS/kW):	60/44
Antrieb:	über hinten liegendes Triebrad
Getriebe:	4v/1r, Cletrac-Lenkgetriebe
Höchstgeschw. (km/h):	8,1
Radstand (mm):	1245
Gewicht (kg):	5300
Kettenbreite (mm):	360
Auflagelänge (mm):	1200
L x B x H (mm):	3500 x 1620 x 2400
Riemenscheibe (Ø mm / U/min):	400 / 1000
Zapfwelle (U/min):	540 / hinten / fahrkuppl.-abh.
Hydraulik:	keine

Rechte Seite, unten: Prototyp des KS 06. So wurde der Schlepper auf der Messe in Leipzig 1952 der Öffentlichkeit vorgestellt. Ohne Motor! Die Entwicklung war im Schlepperwerk Schönbeck durchgeführt worden.

Der KS 06 war in Konstruktion und Aussehen für die damalige Zeit eine kleine Sensation. Es existieren leider nur sehr wenig technische Angaben dazu. Mit der Entwicklung war schon 1949 begonnen worden. Als Antrieb sollte ein Dreizylinder-Gegenkolben-Dieselmotor mit einer Leistung von 80 PS bei 1500 U/min zum Einsatz kommen. Aber wahrscheinlich ist auch der Motor schon in der Entwicklung stecken geblieben. Das Achtganggetriebe (2 Gruppen, 4 Gänge) war reversierbar. Deshalb war der Fahrersitz drehbar, und die Bedienungshebel waren umklappbar. Beachtung verdient auch das Fahrwerk. Das Gleisband aus Perlongewebe mit aufvulkanisierten Gummistollen erhielt durch das Pendelrollenlaufwerk eine gute Anpassungsfähigkeit an den Boden. Eine Bildveröffentlichung aus dem Jahre 1953 zeigt eine KS-06-Ausführung mit eckigen Formen beim geschlossenen Fahrerhaus in großzügiger Rundumverglasung und bei der Motorverkleidung, deren Höhe auf einen anderen Motor schließen lässt. Das Laufwerk entsprach der im Bild vorgestellten Ausführung.

Oben: KS 07 in modernisierter Ausführung. Hier kam schon die Werbebezeichnung »Urtrak« zur Anwendung. Sie fand auch in die Praxis Eingang, um den KS 30 gegenüber dem KS 07 hervorzuheben. Dagegen war die Bezeichnung »Rübezahl« weniger gebräuchlich.

Mitte: Das Bild zeigt einen KS 07 in früher Ausführung, erkenntlich an der geteilten Frontscheibe. Der schon vorhandene Luftansaugzyklon in Verbindung mit dem Auspuffzyklon repräsentiert einen bedeutend höheren Erkenntnisstand gegenüber den Erstauslieferungen. Eine nicht dem Feldeinsatz entsprechende Luftfilteranlage führte in den Anfangsmonaten nach der Produktionsaufnahme zu zahlreichen Motorausfällen durch starken Laufbuchsenverschleiß.

KS 07 PL in modernisiertem Aussehen. Statt des Planierschildes kommt ein Wurzelrechen zum Einsatz.

Bereits im Jahr 1953 wurden in Brandenburg Arbeiten begonnen, um den Kettenschlepper auch als Planiergerät auszuführen. Die Maschinen erhielten die Bezeichnung KS 07 PL. Die ersten Ausführungen entsprachen noch dem ursprünglichen Grundfahrzeug. Zur Betätigung des Schiebeschildes diente ein am Getriebe hinten angeflanschter Hydraulikblock. Die Kraftübertragung erfolgte durch eine auf der linken Seite zwischen Motor-/Getriebeblock und Kettenkasten liegende Zugstange. Die im Bild auf einer Veteranenschau vorgestellte Maschine wurde allerdings schon auf den modernisierten Motor umgerüstet.

Links: Die umkonstruierte Hydraulikanlage ließ jetzt auch eine Ausführung als Überkopflader zu. Die Typbezeichnung dafür war KT 50 ÜK, für die Planierraupe mit der neuen Hydraulik war sie KT 50 PL. Als Austauschgerät für das Planierschild konnte ein Stubbenrodezahn angebracht werden. Es wurden 828 KS 07 PL und 2789 KT 50 PL bzw. ÜK hergestellt. Ebenso wie 2061 Kettenschlepper gingen auch 1493 Planierraupen in den Export. China war bis 1956 mit 1832 Kettenschleppern einer der ausländischen Hauptabnehmer. Der letzte KT 50 PL verließ 1965 das Werk, also ein Jahr nach Einstellung der Zugtraktorenproduktion.

KS 30 »Urtrak«

Durch die Ablösung des Kastenlaufwerkes durch ein Pendelrollenlaufwerk beim KS 30 passten sich die Ketten dem Boden besser an. Das brachte eine Verringerung des Bodendruckes und eine Erhöhung der effektiven Zugleistung. Die mögliche Nachrüstung mit einer Zusatzhydraulik – sie konnte mit geringen Veränderungen auch beim KS 07 angebaut werden – entsprach den Erfordernissen der Zeit, indem sie es ermöglichte, Anhängebodenbearbeitungsgeräte wie z. B. Pflüge oder Scheibeneggen mit hydraulischen Aushebevorrichtungen mit den Kettenschleppern zum Einsatz bringen zu können. Es handelte sich hierbei also nicht um eine Dreipunkthydraulik, sondern nur um ein System von Hydraulikpumpe und Steuerelementen zur Bedienung freier Arbeitszylinder. Die Typen KT 731 S, KT 731 G und KT 732 waren Weiterentwicklungen des KS 30 in Bezug auf das Laufwerk. Anstelle von Stahlgliederketten kamen dederonverstärkte Gummilaufbänder zum Einsatz. Der KT 731 S hatte Stahlhochstollen, der KT 731 G Gummihochstollen und der KT 732 ein Gummilaufband ohne verstärkende Stahlstege.

Diese Neuerungen wurden aber nicht mehr praxiswirksam, weil wegen der hohen Betriebskosten der Kettenschlepper das Interesse daran erlosch. Es kam zur Produktionseinstellung und damit überhaupt zur Einstellung des Kettenschlepperbaus in der DDR. Vom Kettenschlepper »Urtrak« wurden 4486 Maschinen gebaut. Die Hauptauslieferungsfarbe war ein Grünton.

Hersteller:	Brandenburger Traktorenwerke
1. Baujahr / Bauzeit:	1955 / 1964
Fahrzeugart:	Kettenschlepper, Blockbauweise
Motorenhersteller:	Brandenburger Traktorenwerke
Motorenbauart:	4-Takt-Diesel, 4 Zyl., Reihe, WK
Motorenbezeichnung:	4F 175 D2 bis D5
Bohrung x Hub (mm):	125 x 175
Hubraum (l):	8,6
Leistung (PS/kW):	63/46,1
Antrieb:	über hinten liegendes Triebrad
Getriebe:	4v/1r, Cletrac-Lenkgetriebe
Höchstgeschw. (km/h):	9,0
Spurbreite (mm):	1250
Gewicht (kg):	5200
Kettenbreite (mm):	360 / Überbreite 420
Auflagelänge (mm):	1700
L x B x H (mm):	3985 x 1610 x 2280
Riemenscheibe (Ø mm / U/min):	400 / 1000
Zapfwelle (U/min):	540 / hinten / fahrkuppl.-abh.
Hydraulik:	Zusatzhydraulik

KS 30 mit Sonnendach für den Export.

Der KS 30, wie er in der Landwirtschaft der DDR zum Einsatz kam.

Die Brandenburger Traktorenbauer wollten nicht nur nachbauen. Sie entwickelten auch einen eigenen Kettenschlepper: den KS 29. Ein Versuchsmuster wurde 1958 fertiggestellt. Das bemerkenswerteste technische Moment daran war der Einbau eines Ford-Zweitakt-Diesel-Motors mit vier Zylindern in V-Form mit Wasserkühlung und einer Leistung von 60 PS. Die Maschine hatte ein Gummigleisband und ein Zweigruppen-Schaltgetriebe, reversierbar, mit acht Gängen. Dreipunkthydraulik war vorgesehen. Im Aufbau war es ein Vollrahmenfahrzeug mit Pendelschwingenlaufwerk.
Die Entwicklung musste jedoch abgebrochen werden, da sie von den staatlichen Stellen als zu riskant eingeschätzt wurde.

KS 29.
(Bildveröffentlichung mit freundlicher Genehmigung von ZF Getriebe GmbH, Werk Brandenburg)

KS 39

Es wäre darüber zu diskutieren, ob die vorgestellte Maschine noch als Traktor zu werten oder mehr in die Kategorie der Baumaschinen einzuordnen ist. Der Hersteller hat die Bezeichnung Kettenschlepper gewählt, sieht aber ihren Einsatz in der Mechanisierung des Bauwesens.

Die Maschine konnte auch mit einer Kabine versehen werden. Zur Ausrüstung gehörten: Planierschild mit Reißzähnen, Heckaufreißer, Frontschaufel, Tieflöffel.

Hersteller:	Brandiser Maschinen- und Apparatebau
1. Baujahr / Bauzeit:	um 1966
Fahrzeugart:	Kettenschlepper, Halbrahmen
Motorenhersteller:	Robur-Werke Zittau
Motorenbauart:	4-Takt-Diesel, 3 Zyl., Reihe, LK
Motorenbezeichnung:	3 NVD 12,5 SRL
Bohrung x Hub (mm):	90 x 125
Hubraum (l):	2,35
Leistung (PS/kW):	39/28,7
Antrieb:	vorn liegendes Triebkettenrad
Getriebe:	2 Gruppen, 4 Gänge, reversierbar; Lenkkupplung mit Lenkbremse
Höchstgeschw. (km/h):	7,6
Spurbreite (mm):	1320
Kettenbreite (mm):	260
Auflagelänge (mm):	1900
L x B x H (mm):	2870 x 1580 x 1550
Zapfwelle (U/min):	540 (bei 2000 U/min des Motors), hinten
Hydraulik:	zur Betätigung der Arbeitsgeräte mittels Wahl-Steuer-Schieber

Seilzugaggregat SZ 24 »Agronom«

Hersteller:	Mähdrescherwerk Weimar
1. Baujahr / Bauzeit:	1960 / 1961
Fahrzeugart:	Spezialfahrzeug auf Kettenlaufwerk
Motorenhersteller:	Motorenw. Johannisthal
Motorenbauart:	4-Takt-Diesel, 6 Zyl., Reihe, WK
Motorenbezeichnung:	6 KVD 18/15 SRW
Bohrung x Hub (mm):	150 x 180
Hubraum (l):	19,1
Leistung (PS/kW):	180/132,5
Antrieb:	über hinten liegende Doppelkettenräder
Getriebe:	Viergangetriebe, reversierbar; Cletrac-Lenkgetriebe
Höchstgeschw. (km/h):	8,15
Seilgeschw. (km/h):	4,05/4,93/5,96/7,85
Spurbreite (mm):	2100
Kettenbreite (mm):	400
Auflagelänge (mm):	3100
Gewicht (kg)	13600
L x B x H (mm):	6180 x 2600 x 2240

Zur Tiefenbearbeitung der schweren Böden in den traditionellen Zuckerrübenanbaugebieten wurde schwere Technik benötigt, die in den ersten Jahren nach 1945 in der ostdeutschen Landwirtschaft nur in ungenügendem Maße zur Verfügung stand. Bewährt hatte sich die Seilzugtechnik mit Dampflokomobilen, die aber nicht im ausreichender Menge vorhanden und zum Teil auch technisch verschlissen waren. Aufbauend auf den guten Erfolgen mit den Dampfpflügen entwickelte das Traktorenwerk Schönebeck in den Jahren 1957–1959 Seilzugaggregate mit Dieselmotorenantrieb und einem Kettenlaufwerk.
Die von Schönebeck entwickelten Maschinen wurden im Mähdrescherwerk Weimar 1960/1961 61-mal gebaut. Zum Maschinensatz gehörten zwei Seilzugmaschinen und der Pflug B 090, ein Drehpflug, der durch den Kipppflug B 091 abgelöst wurde. Später kam dann auch noch eine Seilzugegge B 492 hinzu.
Der Einsatz der dieselbetriebenen Aggregate sollte sich allerdings nicht bewähren. Die nachfolgende Bereitstellung anderer schwerer Technik zur Bodenbearbeitung versetzte sie sehr bald unwiederbringlich in den Ruhestand.
Die Maschinen waren orange (Fahrerhaus, Motorhaube) und grau (Fahrwerk) gespritzt.

»Ackerbau-maschine«

Ing. Egon Scheuch hatte sich in der Landtechnik schon einen Namen gemacht durch seinen Motorträger für Mähbindereinbaumotoren und Motorvorderwagen für verschiedene Landmaschinen, die durch Einsatz eines Stützrades auch zum reinen Zugfahrzeug gemacht werden konnten. Mit Unterstützung des Entwicklungsbetriebes der IFA in Chemnitz realisierte er die Idee eines vierrädrigen Universalgerätes für die Landwirtschaft. Der Name Ackerbaumaschine wurde von Thebis geprägt. Als »Maulwurf« wurde das Gerät 1949 der Öffentlichkeit präsentiert. Von Egon Scheuch wurde die dann später allgemein angewandte Bezeichnung »Geräteträger« eingeführt.

Hersteller:	Ing. Egon Scheuch, Erfurt
1. Baujahr / Bauzeit:	1949 / 1950
Fahrzeugart:	Radschlepper, Geräteträger
Motorenhersteller:	IFA DKW Chemnitz
Motorenbauart:	2-Takt-Benzin, 1 Zyl., LK
Motorenbezeichnung:	DKW EL 462
Bohrung x Hub (mm):	88 x 76
Hubraum (l):	0,46
Leistung (PS/kW):	8,75/6,44
Antrieb:	Hinterrad
Getriebe:	4v/1r
Höchstgeschw. (km/h):	9,0
Radstand (mm):	1750
Spur v/h (mm):	in Stufen verstellbar von 1250 bis 1700
Gewicht (kg):	570
Reifen:	v. 5,00-16, hi. 6,00-20
Bremsen:	feststellbar auf Hinterräder
L x B x H (mm):	2800 x 1750 x 1620
Riemenscheibe:	vorgesehen
Hydraulik:	keine

Parallel zur Fahrzeugentwicklung lief auch schon die Entwicklung entsprechender Anbaugeräte. Mit den Motoren wurde experimentiert. Es kamen auch Motoren vom PKW F8 sowie vom Volkswagen zum Einsatz.
Bis zur Übernahme der weiteren konstruktiven Überarbeitung und dem Bau selbst im Schlepperwerk Schönebeck wurden im kurzzeitig bestehenden Schlepperwerk Triptis Maschinen nach dem ursprünglichen Scheuchkonzept auch schon mit der Hinterradbereifung 7-36 in unbekannter Stückzahl gebaut. Nach vorliegenden Hinweisen waren diese Maschinen grün.

Rechts oben: Egon Scheuch war ein unermüdlicher Konstrukteur, der laufend um die Verbesserung seiner Ideen bemüht war. Als Gegenstück zum »Maulwurf« entstand noch die »Spinne«. Bei ihr nahm der Gedanke Gestalt an, Motor und Getriebe als eine Einheit zu bauen. Statt des kastenförmigen Trägers kam ein Rohr zum Einsatz, auf dem die Vorderachse verschoben werden konnte. Die Patentzeichnungen zeigen darüber hinaus auch eine Ausführung mit zwei Tragrohren, auf denen sowohl Vorderachse wie auch Triebachse verschoben werden konnten.
Im RS 08/15 wurden die Erkenntnisse aus dem Einsatz beider Maschinen, ergänzt um weitere Forderungen aus der Praxis, zusammengeführt. Nach vorliegenden Angaben wurden von der »Spinne« nur zwei Stück gebaut. Keine dieser beiden »Spinnen« ist erhalten geblieben.

Rechts: unten: Das Foto zeigt eine Rarität des DDR-Traktorenbaues. Es ist wohl die einzige übriggebliebene Maschine aus der Werkstatt von E. Scheuch. Sie stand jahrelang gut konserviert in einer der Familie gehörenden Garage, in der auch das Bild entstand.
1999 wurde das Fahrzeug in die Sammlung des Stadtmuseums Triptis überführt. Die Präsentation dort entspricht zur Zeit leider nicht dem Wert des Ausstellungsstückes.

RS 08/15 »Maulwurf«

Die von E. Scheuch bei »Maulwurf« und »Spinne« erprobten Variantenmöglichkeiten wurden kombiniert. Im Grundaufbau entstand ein Fahrzeug mit drei Hauptbaugruppen: der Triebachse, in der Motor, Schalt-, Ausgleichs- und Zapfwellengetriebe, notwendige Bedienelemente und das Antriebsräderpaar vereinigt waren, einem quadratisch ausgeführten Blechhohlkörper mit durch Hülsen verstärkten Querbohrungen und der auf diesem, als Holm bezeichnet, längsverschiebbaren Pendelvorderachse mit dem Lenkgetriebe. Diese Konstruktionsausführung ließ eine Vielzahl von Einsatzvarianten zu.

Da ein geeigneter Kleindieselmotor nicht zur Verfügung stand, musste der schon bei den Prototypen verwendete PKW-Motor F 8 in modifizierter Form eingesetzt werden. Er neigte zu häufigen Ausfällen, ebenso das Getriebe. Ein großer Nachteil war die fehlende Hydraulik. Anbaugeräte mussten durch Hebel und Muskelkraft gehoben und gesenkt werden.
Vom RS 08/15 wurden 5751 Maschinen gebaut. Er wurde in der Farbe grün ausgeliefert.

Erfreulicherweise haben einige RS 08/15 dem Verschrottungsdrang in den 70er- und 80er-Jahren überstanden und können dadurch ein Stück Schleppergeschichte der Nachwelt zeigen. Die Maschinen sind gut erhalten, allerdings entspricht die Farbe nicht ganz dem ursprünglichen Farbton.

Der allradangetriebene »Doppelmaulwurf« nach einer Idee von Max Domsch, Jena. Vielleicht auch die erste realisierte Tandemkonstruktion. Gebaut etwa 1953, um die Vorteile eines Allradtraktors zu demonstrieren. Es war noch keine ausgereifte Konstruktion, wie der Personalaufwand bei der Bedienung zeigt. Die Variationsmöglichkeit der Triebachse wird eindrucksvoll vorgeführt. Das Prinzip des Tandemschleppers wurde zehn Jahre später erneut aufgegriffen.

Hersteller:	Schlepperwerk Schönebeck; ab 1.2.1955 Traktorenwerk Schönebeck
1. Baujahr / Bauzeit:	1952 / 1956
Fahrzeugart:	Radschlepper, Geräteträger
Motorenhersteller:	Motorenwerk Karl-Marx-Stadt (Chemnitz)
Motorenbauart:	2-Takt-Benzin, 2 Zyl., Reihe, WK
Motorenbezeichnung:	F 8/II V
Bohrung x Hub (mm):	76 x 76
Hubraum (l):	0,69
Leistung (PS/kW):	15/11
Antrieb:	Hinterrad
Getriebe:	2 Gruppen, 4 Gänge, reversierbar
Höchstgeschw. (km/h):	15,8
Radstand (mm):	in Stufen veränderbar von 1390 bis 2140
Spur (mm):	in Stufen veränderbar von 1250 bis 1600
Gewicht (kg):	1330
Reifen:	v. 6,00-16 AS Front, hi. 7-36 AS

Bremsen:	Feststellbremse: Getriebeaußenbandbremse; Betriebsbremse: Innenbacken/Hinterrad, mech.
L x B x H (mm):	3320 x 1520 Normalspur x 2120
Riemenscheibe:	keine
Zapfwelle (U/min):	motorgeb. v/h, 540, fahrkuppl.-unabh.; getriebegeb. v/h, 376 bis 2640, auch im Stand
Hydraulik:	keine

RS 09/15

Der technische Fortschritt beim Geräteträger RS 09 lag in der Einführung der Hydraulik. Das beim RS 08/15 vorliegende Grundkonzept wurde beibehalten. Problematisch war anfänglich die Motorenausstattung. Da immer noch kein Kleindieselmotor aus der DDR-Produktion zur Verfügung stand, musste auf einen Motor der österreichischen Firma Warchalowski zurückgegriffen werden. Bis zum Anlaufen der Lizenzproduktion im Dieselmotorenwerk Schönebeck wurden einige Hundert Originalmotoren eingebaut. Farbgebung: Rot mit gelben Radscheiben.

Hersteller:	Traktorenw. Schönebeck
1. Baujahr / Bauzeit:	1957 / 1962
Fahrzeugart:	Radschlepper, Geräteträger
Motorenhersteller:	Motorenfabrik Warchalowski, Wien; Dieselmotorenwerk Schönebeck, Lizenzbau
Motorenbauart:	4-Takt-Diesel, 2 Zyl., V-Form, LK
Motorenbezeichnung:	D 21 / FD 21 / FD 22
Bohrung x Hub (mm):	85 x 90
Hubraum (l):	1,02
Leistung (PS/kW):	15/11
Antrieb:	Hinterrad
Getriebe:	2 Gruppen, 4 Gänge, reversierbar
Höchstgeschw. (km/h):	15,0
Radstand (mm):	in Stufen veränderbar 1760 bis 2210
Spur v/h (mm):	in Stufen veränderbar 1250 bis 1670
Gewicht (kg):	1370
Reifen:	v. 6,00-16 AS Front, hi. 7-36 AS
Bremsen:	Feststellbremse: Betriebsbremse feststellbar; Betriebsbremse: Innenbacken/Hinterachsritzelwellen, mech.
L x B x H (mm):	3260 x 1520 Normalspur x 1820
Riemenscheibe:	als Sonderzubehör
Zapfwelle (U/min):	motorgeb. vorn/hinten, 589; getriebegeb. vorn/hinten, 540 bei 3,3 km/h
Hydraulik:	hinten Dreipunkt-Hydraulik als Standard; vorn Vierpunkt-Hydraulik als Zusatz

Das Bild zeigt einen RS 09 aus der Anfangszeit der Herstellungsperiode. Die hier noch muschelförmigen Kotflügel wurden später durch eckige ersetzt.

RS 09/122

Im Zuge der Vereinheitlichung der Motorenbezeichnungen wurde die Kennzeichnung nach TGL eingeführt. Durch konstruktive Maßnahmen wurde die Motorleistung auf 16,5 PS, später auf 18,0 PS gesteigert. Der Holm wurde um zwei Querbohrungen (300 mm) verlängert. Zur Anpassung an die höhere Motorleistung (schon im Vorgriff auf weitere Steigerungen) wurden im Getriebe einige Bauteile verstärkt. Als arbeitsschutztechnische Maßnahmen wurden eingeführt: Pendelbegrenzung an der Vorderachse und Aufbau eines sogenannten Fangrahmens zum Schutz des Fahrers bei Umstürzen. Farbgebung: rot.

Hersteller:	Traktorenw. Schönebeck
1. Baujahr / Bauzeit:	1963 / 1964
Fahrzeugart:	Radschlepper, Geräteträger
Motorenhersteller:	Dieselmotorenwerk Schönebeck
Motorenbauart:	4-Takt-Diesel, 2 Zyl., V Form, LK
Motorenbezeichnung:	2 KVD 9/9 SVL
Bohrung x Hub (mm):	90 x 90
Hubraum (l):	1,15
Leistung (PS/kW):	18/13,2
Antrieb:	Hinterrad
Getriebe:	2 Gruppen, 4 Gänge, reversierbar
Höchstgeschw. (km/h):	15,4
Radstand (mm):	in Stufen veränderbar von 2060 bis 2510
Spur v/h (mm):	in Stufen veränderbar von 1250 bis 1670
Gewicht (kg):	1370
Reifen:	v. 6,00-16 AS Front, hi. 8-36 AS
Bremsen:	Feststellbremse: Betriebsbremse feststellbar; Betriebsbremse: Innenbacken/Hinterachsritzelwellen, mech.
L x B x H (mm):	3560 x 1520 Normalspur x 2510 (Fangrahmen)
Riemenscheibe:	Sonderausrüstung
Zapfwelle (U/min):	motorgeb. v/h, 540; getriebegeb. v/h, 540 bei 3,3 km/h
Hydraulik:	hinten Dreipunkt-Hydraulik, Standard; vorn Vierpunkt-Hydraulik, Zusatz

Unten: Um den RS 09 hangtauglicher zu machen, wurde eine Hangsteuerung als Zusatz angebracht. Hydraulisch konnte der Holm gegenüber der Triebachse ausgeschwenkt werden. Die Einrichtung blieb aber mehr ein Versuchsobjekt.

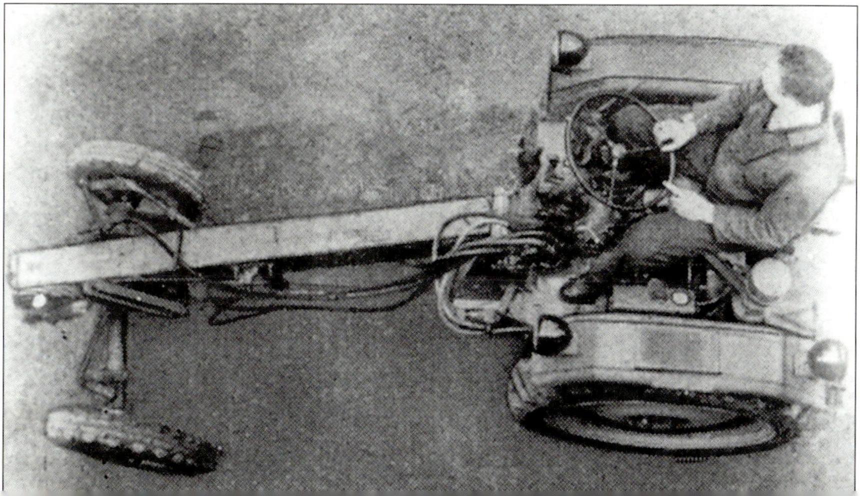

RS 09/124, GT 124

Die Forderungen nach höherer Arbeitsleistung führten zum Einbau des Cunewalder Motors, der inzwischen in einer Baukastenreihe entwickelt worden war. Eine konstruktive Überarbeitung desselben brachte ab 1967 eine Leistungssteigerung auf 30 PS. Die nunmehrige Typbezeichnung war 4 VD 8/8 SVL.
1972 endete nach dem Bau von insgesamt 120 273 Geräteträgern die Fertigung eines interessanten Schleppertyps in der DDR. Die durchgeführte Steigerung der Motorleistung konnte das Aus nicht aufhalten, da das Gesamtkonzept einschließlich der speziellen Arbeitsgeräte mit einer Normbreite von 2,50 m nicht mehr den betriebswirtschaftlichen Anforderungen genügte. Das Hauptarbeitsgebiet des Geräteträgers verlagerte sich vom Feld auf Stall und Hof, wo er recht und schlecht die immer wieder zur Debatte stehende Stallarbeitsmaschine repräsentierte – bis über 1990 hinaus. Aus der angegebenen Produktionsstückzahl ist allerdings nicht ersichtlich, ob es sich dabei nur um die Geräteträger im eigentlichem Sinne handelt oder ob darin auch die Variationen bzw. Triebachsen z. B. für den T 157 enthalten sind.
In der Diskussion standen Weiterentwicklungen verschiedener Art. Bis zum Prototypenbau brachte es eine Entwicklung mit dem Cunewalder Motor 4 VD 8,8/8,5 SRW, später dann 4 VD 8,8/9,0 SRF, landläufig bekannt als »Multicar-Motor«.
Die Farbgebung für den GT 124 war ebenfalls rot.
Zum RS 09/GT 124 gab es ca. 30 Anbaugeräte, die serienmäßig hergestellt worden waren, und noch einmal etwa 20 Geräte, die spezielle Entwicklungen waren und aus dem Bedürfnis des jeweiligen Benutzers heraus entwickelt worden waren, was nicht ausschließt, dass im Nachnutzungsverfahren dann mehrere Stück gebaut wurden. Die Geräte kann man in zwei große Gruppen einteilen. Die eine Gruppe sind die, die ohne Veränderung der Grundmaschine in kurzer Zeit an- bzw. abgebaut werden konnten, wie z. B. Mähwerk oder Schleuderradroder. Bei der zweiten Gruppe wurde das Gerät bei Fortfall des Holms zwischen Vorderachse und Trieb-

Hersteller:	Traktorenwerk Schönebeck
1. Baujahr / Bauzeit:	1964 / 1972
Fahrzeugart:	Radschlepper, Gerätetr. Motorenwerk Cunewalde
Motorenhersteller:	4-Takt-Diesel, 4 Zyl.,
Motorenbauart:	V-Form, LK 4 KVD 8/8 SVL
Motorenbezeichnung:	80 x 80
Bohrung x Hub (mm):	1,6
Hubraum (l):	25/18,4
Leistung (PS/kW):	Hinterrad
Antrieb:	2 Gruppen, 4 Gänge,
Getriebe:	reversierbar 18,0
Höchstgeschw. (km/h):	in Stufen veränderbar
Radstand (mm):	von 2060 bis 2510 veränderbar von 1250
Spur v/h (mm):	bis 1670 1600
Gewicht (kg):	v. 6,00-16 AS Front,
Reifen:	hi. 8-36 AS Feststellbremse: Betriebs-
Bremsen:	bremse feststellbar; Betriebsbremse: Innenbacken/Hinterachsritzelwellen, mech. 3878 x 1520 Normal-
L x B x H (mm):	spur x 2510 (Fangrahmen) nicht mehr im Angebot
Riemenscheibe:	motorgeb. v/h, 540;
Zapfwelle (U/min):	getriebegeb. v/h, 540 bei 3,3 km/h hinten Dreipunkt-Hydrau-
Hydraulik:	lik, Standard; vorn Vierpunkt-Hydraulik, Zusatz

achse eingebaut. Es entstand eine Art selbstfahrende Arbeitsmaschine.
Damit war die Universalität des Geräteträgers aber noch nicht erschöpft. Besonders unter Nutzung der Triebachse und teilweise der originalen Vorderachse entstanden eine ganze Reihe von Variationen. Sie hatten oftmals einen speziellen Charakter. Es sollten damit neue Einsatzgebiete und Märkte erschlossen werden. Sie wurden deshalb nur in geringer Stückzahl gebaut und ausführliche technische Angaben darüber sind kaum noch erhältlich. Mit der folgenden Bildreihe soll ein Überblick gegeben werden.

Der GT 124 mit einer Rundherumverkleidung in Form eines Wetterverdecks. Ein Schönheitspreis war damit nicht zu gewinnen.

Prototyp des 45-PS-Geräteträgers mit dem Motor 4 VD 8,8/ 8,5 SRW.

Plantagenschlepper RS 28. Der vorn liegende Motor wurde durch ein rohrförmiges Zwischenstück mit der Triebachse verbunden. Durch einen zusätzlichen Schnellgang erhöhte sich die Endgeschwindigkeit auf 20,6 km/h. Der Radstand betrug 2000 mm, die Spur war einstellbar auf 1250, 1375, 1500 und 1670 mm. Die beim RS 09 bewährte Hydraulik war vorhanden, ebenso wie die Zapfwellen. Es war festgestellt worden, dass für den Einsatz in Plantagen der Heckanbau der bessere ist.

Rechts: Hopfenschlepper RS 56.

Linke Seite oben: Tragtraktor RS 27. Über ein kastenförmiges Mittelstück wurde der jetzt vorn liegende Motor an die Triebachse angeflanscht. Die Spur entsprach der Normalausführung.

Maisschlepper RS 54. Eine für den Export vorgesehene Variante mit einer Bodenfreiheit von 800 mm. Im Inland gab es den Maisschlepper RS 26. Der Normaltraktor RS 09 erhielt durch Verdrehen der Hinterachsvorgelege und einer als Sonderausrüstung gelieferten Portalvorderachse die für die Maispflege erforderliche Bodenfreiheit. Dazu gehörte auch ein besonders ausgeführter Hackrahmen.

Links: Hopfenschlepper RS 56/2.

Rechts oben: Gabelstapler ST 961. Er war für eine Hublast von einer Tonne ausgelegt. In etwas abgewandelter Form hatte er die Bezeichnung ST 962.

RS 09, ausgerüstet mit der Grabenfräse B 728. Sie konnte eingesetzt werden in steinfreien Böden zum Ziehen von Gräben mit einer Breite von 210 mm (umrüstbar auf 460 mm) und einer Tiefe von bis zu 1620 mm. Die Grundmaschine kam dabei in einem dem RS 26 entsprechenden Rüstzustand zum Einsatz.

Dumper TA 25. Die beim Grundgerät vorhandene Gruppenschaltung war hier nicht vorhanden, d. h. es lag nur ein reversierbares Viergangschaltgetriebe mit einem Geschwindigkeitsbereich von 4,41 bis 14,85 km/h vor. Der Kübelinhalt betrug 0,75 cbm für eine zulässige Nutzlast von 1200 kg. Der Kübel kippte durch Schwerkraft nach Lösen einer mechanischen Sperre.

Rechts: In den vorgesehenen Umrüstmöglichkeiten der Grundmaschine des RS 09 war auch die auf Rückwärtsfahrt enthalten. Bei den industriell gefertigten Anbaugeräten gab es keines, das bei dieser Umrüstung verwendet werden konnte. Praktiker aus der Landtechnik konstruierten einen Schwadmäher, der in der Rückfahrstellung des Geräteträgers an diesen angebaut wurde. Der Einsatz wurde deshalb sehr aktuell, weil bei der Rapsernte ein Zweiphasendrusch erfolgte, d. h. eine Mahd ins Schwad mit nachfolgender Aufnahme desselben über eine am Mähdrescher angebaute Schwadaufnahmetrommel.

Unten: Der Geräteträger wurde nicht nur auf Strasse und Feld eingesetzt. Er bewegte sich auch auf Schienen. Sein Grundaufbau gestattete den Anbau diverser Einrichtungen. Das Bild zeigt seinen Einsatz mit Geräten zur Gleisunterhaltung.

Hoch hinaus ging die Manhardt-Landmaschinenbau KG mit dem RS 09. Dieser Portaltraktor sollte bei der Mechanisierung von Arbeiten in den Baumschulen behilflich sein.

Links: Mit dieser Maschine wurde wieder mal ein Anlauf gestartet, um den Dauerbrenner »Mechanisierung der Hof- und Stallarbeiten« um eine neue Variante zu bereichern. Es ist wahrscheinlich bei diesem einen Prototyp geblieben, der jetzt im Deutschen Landwirtschaftsmuseum in Leipzig-Markkleeberg zu bewundern ist. (Bildveröffentlichung mit freundlicher Genehmigung des Fotografen, Dipl.-Ing. G. Irmler, Kultur- und Umweltpark agra e. V., Markkleeberg bei Leipzig.)

Unten links: In Ungarn erfolgte eine solche Ausrüstung mit Halbketten.

Unten rechts: Bergtraktor GT 122. Eine Maschine, die speziell für den Hangeinsatz entwickelt wurde. Die Bereifung hatte die Größe 12,00-18 AS. Es wurden nur wenige Exemplare gebaut.

GTP 100

Wenn auch das Aussehen dazu verleitet, so darf man diese Konstruktion doch nicht der Schönebecker gleichstellen. Der GTP 100 war die energetische Basis für Saatzucht und Feldversuchswesen und einsetzbar zur Aussaat (Parzellendrillmaschine AP 700 und kontinuierliche Drillmaschine AP 710), Pflege, Applikation

Hersteller:	Zucht- und Versuchsfeldmechanisierung Nordhausen
1. Baujahr / Bauzeit:	80er-Jahre
Fahrzeugart:	Radschlepper, Geräteträger
Motorenhersteller:	Motorenwerk Cunewalde
Motorenbauart:	4-Takt-Diesel, 2 Zyl., V-Form, LK
Motorenbezeichnung:	2 VD 8/8-2 SVL
Bohrung x Hub (mm):	80 x 80
Hubraum (l):	0,8
Leistung (PS/kW):	15/11
Antrieb:	Hinterrad
Getriebe:	2 Gruppen, 4 Gänge, reversierbar
Höchstgeschw. (km/h):	20,0
Radstand (mm):	2150
Spur v/h (mm):	verstellbar von 1500 auf 1800
Gewicht (kg):	1200
Reifen:	v. 23 x 5,6 PR, hi. 6,00-16 AS Implement
Bremsen:	Feststellbremse: Seilzughandbremse auf Hinterräder; Betriebsbremse: hydraulische Ein-Kreis-Bremse/Hinterräder, Umschalter für Einzelradbremsung
L x B x H (mm):	3160 x 1730 Normalspur x 2310
Riemenscheibe:	keine
Zapfwelle (U/min):	keine Angaben
Hydraulik:	Dreipunktanbau hinten, zwei unabhängige Kreisläufe für vier freie Anschlüsse

und für leichte Transportarbeiten (hydraulisch nach vorn kippbare Ladepritsche 850 kg). Er ließ sich zum Portalgeräteträger umrüsten. Gebaut wurden etwa 80 Stück. Er wurde in der Farbe Rot ausgeliefert.

Ansicht des GTP 100.

Scheuch-Einachsschlepper

Vom Herstellungsjahr her muss richtigerweise die Produktionszeit in die noch bestehende sowjetische Besatzungszone verlegt werden.
In einem Prospekt wird der Scheuch-Einachsschlepper als eine Weiterentwicklung des landwirtschaftlichen Motorzugkarrens (ein Gebiet, auf dem Egon Scheuch sehr rege tätig war) beschrieben.
Die abgebildete Maschine besteht eigentlich aus zwei Teilen:

- dem Einachsschlepper als solchem, in dem Motor mit Kraftstoffanlage, Getriebe, Achsantrieb, Drehschemellenkung, Bremsanlage und Fahrersitz vereinigt sind,
- und dem über eine geländeausgleichende Spezialkupplung angeschlossenen Hinterachsfahrgestell.

Hersteller:	Fa. Bruno Müller, Triptis
1. Baujahr / Bauzeit:	1946
Fahrzeugart:	Einachsschlepper
Motorenhersteller:	Volkswagen AG
Motorenbauart:	4-Takt-Benzin, 4 Zyl., Boxer, LK
Motorenbezeichnung:	[1]
Bohrung x Hub (mm):	[1]
Hubraum (l):	[1]
Leistung (PS/kW):	25/18,4
Getriebe:	4v/1r
Höchstgeschw. (km/h):	20,0
Radstand (mm):	1520 [2]
Spur (mm):	1590 [2]
Gewicht (kg):	1650 [2]
Reifen v/h:	6,50-20
Bremsen:	auf alle vier Räder wirkende mechanische Servobremse
L x B x H (mm):	3250 x 1750 x 1500

[1] keine verbindlichen Angaben
[2] mit Hinterachsfahrgestell

Das als Ladepritsche ausgebildete Hinterachsfahrgestell konnte mit bis zu 1,5 Tonnen beladen werden. Über eine daran angebrachte Ade-Sicherheitskupplung konnten bis zu 5 Tonnen bewegt werden.
Im Prinzip war damit eigentlich ein Vierradschlepper mit Vorderachsantrieb entstanden, da die Ausgangskonstruktion, der Motorzugkarren, in seiner ursprünglichen Form nicht

mehr zum Einsatz kam. In kaum veränderter Gestalt, allerdings mit spezieller Ausrüstung, wurde der Scheuch-Einachsschlepper während des Zweiten Weltkrieges auf Kriegsflughäfen für den Bombentransport und als Abschleppgerät für die ME 163 eingesetzt. Das Lenkrad konnte dabei einschließlich der Kupplungsbetätigung seitlich herausgeschwenkt werden. Der hier vorgestellte Schlepper wurde wahrscheinlich so lange produziert, wie noch Restmaterial vorhanden war. Über die insgesamt hergestellte Stückzahl gibt es keine verbindliche Aussage. Nachweislich gibt es zurzeit noch zwei Stück. Eines davon steht im schon einmal erwähnten Stadtmuseum von Triptis als Leihgabe eines Privatmannes, dem auch das zweite Stück gehört. Von der Existenz weiterer Exemplare ist nichts bekannt.

Allzweck-Einachsschlepper »Faktotum«

Schon 1953 stellte die Firma Manhardt-Landmaschinenbau, Wutha/Thüringen, einen Einachsschlepper auf der Gartenbauausstellung in Leipzig-Markkleeberg aus. In der Werbung wurde er vorgestellt als Vorspanngerät (mit oder ohne Heck) für Drill- und Hackmaschinen, Düngerstreuer, Heuwender usw., als Transportgerät und als Allzweckgerät

Hersteller:	Manhardt-Landmaschinenbau, Wutha
1. Baujahr / Bauzeit:	ab etwa 1953
Fahrzeugart:	Einachsschlepper mit steuerbarem Spornrad
Motorenhersteller:	[1]
Motorenbauart:	2-Takt-Benzin, 1 Zyl., stehend, LK
Motorenbezeichnung:	[1]
Bohrung x Hub (mm):	[1]
Hubraum (l):	0,385
Leistung (PS/kW):	8,5/6,3
Getriebe:	4v/1r; Differential mit Sperre
Höchstgeschw. (km/h):	9,0 (13,0)
Spur (mm):	1000, veränderbar auf 1250
Gewicht (kg):	400
Reifen:	6,00-16 oder 6,50-20
Bremsen:	Handbremse, o. A.
L x B (mm):	2800 (mit Spornrad) x 750 (1050)
Riemenscheibe (Ø mm / U/min):	200 / motorgeb. 850; getriebegeb. 150/500/665/1750
Zapfwelle (U/min):	Front- und Heckzapfwelle, 150/300/450/550/1150

[1] keine gesicherten Angaben

zum Pflügen, Grubbern, Eggen und Striegeln, zum mehrreihigen Kartoffelpflanzlochen und zum einreihigen Kartoffel- und Rübenernten. Ein Einsatz mit Frässchwanz und Frontmäher war ebenso gut möglich. Das rohrförmige

Verbindungsstück zum Spornrad (gleichzeitig Sitzträger) war für die Anbringung von Arbeitsgeräten ausgelegt, also schon eine Art Vorstufe zum Geräteträger. Der in den Jahren nach der ersten Vorstellung geringe Produktionsausstoß erhielt ab 1968 durch die Überarbeitung der »Faktotum«-Konstruktion neuen Auftrieb. Das Fahrzeug erhielt jetzt die Bezeichnung ET 081.

Der Einachsschlepper »Faktotum«.

Einachs-schlepper ET 081

Das Grundgerät bestand aus den Hauptbaugruppen Motor mit Kupplungsdom, in dem sich die Einscheibentrockenkupplung befand, Getriebeblock mit Getrieberädern, Ausgleichgetriebe, Ausgleichgetriebesperre und abstellbarem motorgebundenen Zapfwellentrieb und den beiderseitig angebrachten Achstrichtern mit den Laufrädern. Das Grundgerät diente zum Tragen und zum Antrieb verschiedener Arbeitsgeräte für die Mechanisierung in der Garten- und Landschaftspflege.
Die Firma Manhardt, Wutha, wurde 1972 verstaatlicht und dem Kombinat Gartenbautechnik Berlin angegliedert. Von der Erstproduktion bis zur Verstaatlichung wurden im Privatbetrieb 1000 Exemplare des ET 081 hergestellt. Insgesamt belief sich die Produktion von Einachstraktoren auf 6250 Stück.

Hersteller:	VEB Gartenbautechnik Berlin, Kombinatsbetrieb, Wutha
1. Baujahr / Bauzeit:	ab 1968
Fahrzeugart:	Einachsschlepper

Motorenhersteller:	Barkas-Werke, Karl-Marx-Stadt
Motorenbauart:	Einzylinder-Zweitakt-Vergasermotor, luftgekühlt, Kickstarter
Motorenbezeichnung:	EL 308
Bohrung x Hub (mm):	74 x 68,5
Hubraum (l):	300
Leistung (PS/kW):	6,0/4.4
Getriebe:	3-Gang-Umkehrgetr. mit Ausgleichgetriebesperre
Höchstgeschw. (km/h):	2,9/4.2/11,4 [1]
Spur (mm):	360, durch Zwischenringe verstellbar
Gewicht (kg):	ca. 150
Reifen:	Gummibereifung 5.00-8 3G bzw. 4.00-8 3G oder Stahlgreiferräder, 130 mm breit, 400 mm Durchmesser
Bremsen:	Innenbackenbr., gleichzeitig als Lenkbremse
L x B x H (mm):	2185 x 520 x 1190
Zapfwelle (U/min):	motorgebunden, 790 bzw. 900

[1] in anderer Quelle: vorwärts 3,4 (Schüttelgang), 4,6 (Arbeitsgang), 10.0 (Straßengang) bzw. rückwärts 3,9; 5,3; 11,8. (Der Begriff »Schüttelgang« konnte nicht geklärt werden.)

Bei der Präsentation mit verschiedenen Arbeitsgeräten ist erkennbar, dass bei Umkehr der Bewegungsrichtung mit einem anderen Arbeitsgerät (Anhänger/Mähbalken) die Führungsholme umgelegt werden konnten und der Motor dadurch jeweils, vom Maschinenführer her gesehen, in Fahrtrichtung vorn oder hinten war.

Einachs-schlepper ES 19

Hersteller:	DUZ, Schädlings-bekämpfungsgeräte, Halle
1. Baujahr / Bauzeit:	etwa 1957 / 1958
Fahrzeugart:	Einachsschlepper
Motorenhersteller:	Motorenwerk Karl-Marx-Stadt
Motorenbauart:	2-Takt-Benzin, 1 Zyl., stehend, LK
Motorenbezeichnung:	EL 350
Bohrung x Hub (mm):	75 x 85
Hubraum (l):	0,385
Leistung (PS/kW):	9,0/6,6
Getriebe:	4v/4r mit Differential-sperre
Höchstgeschw. (km/h):	12,0 vorwärts, 9,45 rückwärts
Spur (mm):	einstellbar auf 460/625/700/834/1000
Gewicht (kg):	400
Reifen:	6,00-20 AS
Bremsen:	Innenbackenbremse
L x B x H (mm):	3000 über alles x 620 kleinste, 1200 größte x 1000
Zapfwelle (U/min):	motorgeb. mit eigener Kupplung, 575/876; getriebegeb. fahrkuppl.-abh. 229/530/765/1780

Der ES 19 wurde vom Traktorenwerk Schönebeck entwickelt. Sein Getriebe war sehr aufwendig, um allen angedachten Anwendungsfällen gerecht werden zu können. Neben einigen anderen Umständen war es wahrscheinlich auch der Getriebebau, der die Maschine nicht in die Serienfertigung gehen ließ. Die etwa 30 gefertigten Schlepper hatten eine Irrfahrt durch verschiedene vorgesehene Produktionsbetriebe (DUZ Halle, Mähdrescherwerk Weimar, Schlepperwerk Nordhausen und wieder zurück nach DUZ Halle) hinter sich. Parallel zur Musterfertigung – als mehr kann man diese Produktion nicht bezeichnen – lief auch ein umfangreiches Entwicklungsprogramm an Zusatzgeräten. Zur Erprobung standen schon 18 Geräte zur Verfügung, zu 10 weiteren gab es Vorschläge.
Der ES 19 sollte die FRAMO-(Luppo-)Bodenfräsen ablösen. Dass seine Fertigung zu Gunsten des ET 081 eingestellt wurde, kann angenommen werden. Es bliebe noch zu vermerken, dass auch an einem Typ ES 20 gearbeitet wurde. Eine Abbildung dazu lässt erkennen, dass ähnlich wie beim »Faktotum« über ein Rohrzwischenstück ein Spornrad mit Sitz mit der Triebachse verbunden werden konnte. Ein interessantes Stück verlorengegangener landtechnischer Entwicklungsarbeit in der DDR.

Geräteträger A 01 zum Gerätesystem E 930

Das Gerätesystem E 930, später E 931, war ein sogenanntes Konsumgütererzeugnis, eine zusätzliche Warenproduktion, mit der die Industriebetriebe beauflagt wurden, um Lücken in der Bereitstellung von Bevölkerungsbedarf zu schließen. Der Gedanke für das Gerätesystem war gut, kam aber zehn Jahre zu spät, da sich auch in der Landbevölkerung eine bestimmte Wandlung der Ansichten vollzogen hatte und die potentiellen Interessenten sich über den Eigenbau von motorisierten Arbeitsgeräten in zum Teil sehr bemerkenswerter Konstruktion selbst versorgt hatten. Anfangs war der Erwerb für gesellschaftliche Bedarfsträger oder für die gewerbliche Nutzung sogar untersagt. Erst nachdem bemerkt wurde, dass der Absatz nicht gerade florierte, wurde sogar in diesem Interessentenkreis für einen Kauf geworben.

Die vom Moped S 51 übernommene Antriebseinheit wurde durch ein Kühlluftgebläse, einen besonderen Luftfilter, ein Drehzahluntersetzungsgetriebe und eine elektronische Drehzahlbegrenzungseinrichtung den Bedingungen im Einachsschlepper angepasst. Der notwendige Antrieb der Anbaugeräte erfolgte über eine Riemenscheibe, die zwischen Motor und Untersetzungsgetriebe eingebaut war. Die Drehzahlabstufung erfolgte über das Schaltgetriebe des Motoraggregates.

Ab 1987 wurde ein 70-ccm-Motor eingebaut, das Getriebe erhielt einen Rückwärtsgang. Eine nächste Weiterentwicklung war der Typ E 933, der in Form eines Vierradfahrzeuges gebaut wurde. Zum Einsatz kam der Motor 1 VD 8/8-2 SL vom Motorenwerk Cunewalde. Seine Leistung betrug bei einem Hubvolumen von 400 ccm 9 PS beziehungsweise 6,6 kW.

Hersteller:	Fortschritt Landmaschinen, Stammbetrieb Neustadt/Sachsen
1. Baujahr / Bauzeit:	1983 und folgende
Fahrzeugart:	Einachsschlepper
Motorenhersteller:	Fahrzeug- und Jagdwaffenwerk Suhl

Die Bezeichnung A 01 ist eine der Raffinessen, die sich Techniker ausdenken, um ihr Werk für den Laien komplizierter werden zu lassen. Der sogenannte Geräteträger trug ganz einfach die Kennzeichnung E 930 bzw. die der modernisierten Ausführungen.

Motorenbauart:	2-Takt-Benzin, 1 Zyl., stehend, LK
Motorenbezeichnung:	M 531/1 KF (Moped S 51)
Bohrung x Hub (mm):	38 x 44
Hubraum (l):	50
Leistung (PS/kW):	3,7/2,7

Getriebe:	3-Ganggetriebe (vom Moped)
Höchstgeschw. (km/h):	7,9
Spur (mm):	veränderbar 345/605
Gewicht (kg):	138,5
Reifen:	400 x 100 Profil A7
L x B (mm):	1640/505 bei Spur 345

RS 14/30 »Favorit«

Der RS 14/30 war der Nachfolger des RS 04/30 mit Verbesserungen besonders hinsichtlich der Hydraulik. Der RS 14/30 trug den Zusatznamen »Favorit«, der 1958 umgeändert wurde in »Famulus«, weil es Rechtsstreitigkeiten gab. 1957 wurde die Maschine auch mit einem luftgekühlten Motor ausgerüstet. Der Motor hatte die Bezeichnung EML 2-15. Auch er hatte anfänglich eine Zylinderbohrung von 115 mm. Mit der Erweiterung der Zylinderbohrung auf 120 mm wurde die Leistung auf 33 PS gesteigert. 1958 wurde ein zusätzlicher Vorderachsantrieb bereitgestellt. Der Schlepper konnte auch mit einem Wetterverdeck ausgeliefert werden. Gebaut wurden 4640 RS 14/30 W und 8156 RS 14/30 L. Die Farben waren rot und grün.

Links oben: Einsatzbeispiel des RS 14/30 mit der Halbraupe und der Grabenräumschnecke »Archimedes«.

Links unten: RS 14/30 mit dem später langjährig verwendeten Wetterverdeck.

Oben: Wie der »Pionier« konnte auch der RS 14/30 mit einer Halbraupe ausgerüstet werden. Die Typenbezeichnung war RA 4000. Die Höchstgeschwindigkeit war bei ihrem Einsatz auf 8,0 km/h beschränkt. Die Halbraupe erfüllte nicht die in sie gesetzten Erwartungen.

Hersteller:	Schlepperw. Nordhausen
1. Baujahr / Bauzeit:	1956 / 1960
Fahrzeugart:	Radschlepper, Standard, Blockbauweise
Motorenhersteller:	Schlepperwerk Nordhausen
Motorenbauart:	4-Takt-Diesel, 2 Zyl., Reihe, WK
Motorenbezeichnung:	EM 2-15
Bohrung x Hub (mm):	115 x 145
Hubraum (l):	3,01
Leistung (PS/kW):	30/22
Antrieb:	Hinterrad
Getriebe:	2 Gruppen, 5v/1r
Höchstgeschw. (km/h):	24,0
Radstand (mm):	1930
Spur v/h (mm):	1250, veränderbar auf 1375 und 1500
Gewicht (kg):	2135
Reifen:	v. 6,00-20 Transport, hi. 9,00-40 AS

Bremsen:	Feststellbremse: Außenbandbremse; Betriebsbremse: Innenbackenbremse, mech., gleichzeitig als Lenkbremse
L x B x H (mm):	1250 x 1375 (Normalspur) x 1500 (ohne Wetterverdeck)
Riemenscheibe (Ø mm / U/min):	215 / 1420 [1]
Zapfwellen (U/min):	vorn und hinten, wahlweise schaltbar; motorgeb. fahrkuppl.-unabh. 568; getriebegeb. fahrkuppl.-abh. 546 bei 3,3 km/h
Hydraulik:	Dreipunkt-Hydraulik mit ansteckb. Ackerschiene

[1] ab 1960 Riementrieb bei der RS-14-Reihe nicht mehr serienmäßig.

RS 14/36 »Famulus 36«

Mit der Typenbezeichnung RT 315 wurde die luftgekühlte Variante ab 1964 ausgeliefert. Mit der Änderung der Bezeichnung war auch eine Veränderung technischer Details verbunden. Die Weiterentwicklung betraf die Baugruppen Lenkung (statt Kegelritzellenkung Spindellenkung. Die Einzelradlenkung wirkte nicht mehr automatisch bei Lenkeinschlag. Sie musste durch Fußhebel betätigt werden), Fahrersitz, Kraftheberanlage, unfallgeschützte Fahrerkabine, Druckluftbremsanlage (nur für Anhänger, ermöglichte die Mitführung von zwei druckluftgebremsten Anhängern) und Einheitsfrontantrieb (wahlweise Lieferung). Der Druckluftbehälter für die Anhängerbremsanlage ist vor dem rechten Hinterrad gut zu erkennen. Bei den Hinterradreifen setzte sich die Größe 11,00-38 AS durch. Vom RS 14/36 W wurden 1927 Schlepper gebaut, vom RS 14/36 L 13 176 und vom RT 315 1569. Die Farbgebung ab Werk war rot und grün.

Unten: Der Schlepper RS 14/36 W auf einem Prospektblatt. Mit gleichen technischen Daten wurde der Schlepper auch mit luftgekühltem Motor ausgeliefert. Die Motorenbezeichnung war 2 KVD 14,5/12 SRL 36.

Der RS 14/36 L, erkenntlich an der Ausbeulung der Motorhaube hinter dem Luftfilter. Die Maschine wird heute noch benutzt. Die Farbgebung entspricht der Vorstellung des Besitzers.

Hersteller:	Schlepperw. Nordhausen
1. Baujahr / Bauzeit:	1960 / 1964
Fahrzeugart:	Radsschlepper, Standard, Blockbauweise
Motorenhersteller:	Schlepperw. Nordhausen
Motorenbauart:	4-Takt-Diesel, 2 Zyl., Reihe, WK
Motorenbezeichnung:	2 KVD 14,5/12 SRW 36
Bohrung x Hub (mm):	120 x 145
Hubraum (l):	3,28
Leistung (PS/kW):	36/26,5
Antrieb:	Hinterrad
Getriebe:	2 Gruppen, 5v/1r
Höchstgeschw. (km/h):	24,0
Radstand (mm):	1940
Spur (mm):	v. 1250/1450/1650; hi. 1300-1700, in Stufen je 100 mm verstellbar
Gewicht (kg):	2100
Reifen:	v. 6,00-20 AS Front, hi. 11-38 AS (9-42 AS)

Bremsen:	Feststellbremse: Außenbandbremse; Betriebsbremse: Innenbackenbremse, mech.
L x B x H (mm):	3336 x 1700 x 2395 (mit Wetterdach)
Zapfwelle (U/min):	wahlweise motorgeb. fahrkuppl.-unabh. 560 oder getriebegeb. fahrkuppl.-abh. 583 bei 3,3 km/h
Hydraulik:	Dreipunktaufhängung mit Ackerschiene

Famulus 4

RS 14/46 »Famulus 46«

Um einen leistungsstarken Schlepper als Ersatz für den RS 01/40 mit besserem technischen Kennwerten zu erhalten, entschloss man sich, die beim RS 14/36 W bei 1600 (später 1650) U/min liegende Drehzahl auf 2000 zu erhöhen, um damit zu einer größeren Leistung zu kommen. Das war eine Notmaßnahme, weil zu diesem Zeitpunkt kein geeigneter Schleppermotor mit größerer Leistung zur Verfügung stand und die Versuche mit dem Einbau des luftgekühlten Robur-Motors 4 NVD 12,5/10 SRL mit 50 PS bei Beibehaltung des RS-14-Getriebes abgebrochen wurden.
Der Motor hatte jedoch keine Standzeit, er war thermisch überfordert. Trotzdem wurden 3820 Maschinen hergestellt. Im weitern Verlauf erfolgte teilweise eine Rücknahme der Drehzahl auf 1800 U/min während der Überholung des Motors. Die Leistung wurde dadurch auf 40 PS reduziert.

Hersteller:	Schlepperwerk Nordhausen
1. Baujahr / Bauzeit:	1960 / 1963
Fahrzeugart:	Radschlepper, Standard, Blockbauweise
Motorenhersteller:	Schlepperwerk Nordhausen
Motorenbauart:	4-Takt-Diesel, 2 Zyl., Reihe, WK
Motorenbezeichnung:	2 KVD 14,5/12 SRW 46
Bohrung x Hub (mm):	120 x 145
Hubraum (l):	3,28
Leistung (PS/kW):	46/33,9
Antrieb:	Hinterrad
Getriebe:	2 Gruppen, 4v/1r
Höchstgeschw. (km/h):	24,0
Radstand (mm):	1930
Spur (mm):	vorn 1250/1450/1650; hinten 1300 bis 1700, in Stufen von 100 mm verstellbar
Gewicht (kg):	2100
Reifen:	v. 6,00-20 ASF, hi. 11-38 AS (9-42 AS)
Bremsen:	Feststellbremse: Außenbandbremse; Betriebsbremse: Innenbackenbremse, mech.
L x B x H (mm):	3410 x 1700 x 1800 (ohne Wetterdach)
Riemenscheibe (Ø mm / U/min)	300 / 1080
Zapfwelle (U/min):	wahlweise motorgeb. fahrkuppl.-unabh. 540 oder getriebegeb. fahrkuppl.-abh. 615 bei 3,75 km/h
Hydraulik:	Dreipunktaufhängung mit Ackerschiene

RS 14/40 »Famulus 40«

Im Bestreben, der Landwirtschaft zugstarke Traktoren zur Verfügung zu stellen, wurde Anfang der 60er-Jahre das Prinzip der Verbindung zweier normaler Radtraktoren zu einer Einheit unter Wegfall der Vorderachsen eingeführt. Vermutlich hat der schon von Max Domsch durchgeführte Versuch mit zwei Triebachsen des RS 08/15 dabei Pate gestanden. Es ist aber zu verzeichnen, dass zu diesem Zeitpunkt auch andere Länder an diesem System arbeiteten. Mit der Umrüstung beschäftigte sich die Maschinenfabrik Sangerhausen. Das Ganze war mehr oder weniger ein Versuch. Kritisch war die Abstimmung der beiden Motoren. Die Umsetzung der beim Tandemschlepper proklamierten Idee, in zugschwachen Zeiten durch Rückrüstung wieder mit zwei Traktoren arbeiten zu können, erwies sich als zu aufwändig. Insgesamt gibt es wenig verwertbares Material zum Tandemschlepper. Aus zeitbezogenen Veröffentlichungen ist zu entnehmen, dass Kombinationen sowohl aus RS 14/36 wie auch RS 14/46 hergestellt wurden. Interessant ist es, dass in den 70er-Jahren im Zusammenhang mit dem ZT 300 diese Traktorenvariante nochmals diskutiert wurde.

Hersteller:	Schlepperw. Nordhausen
1. Baujahr / Bauzeit:	1964 / 1965
Fahrzeugart:	Radschlepper, Standard, Blockbauweise
Motorenhersteller:	Schlepperwerke Nordhausen
Motorenbauart:	4-Takt-Diesel,2 Zyl., Reihe, WK
Motorenbezeichnung:	2 KVD 14,5/12-SRW 40
Bohrung x Hub (mm):	120 x 145
Hubraum (l):	3,28
Leistung (PS/kW):	40/29,5
Antrieb:	Hinterrad
Getriebe:	2 Gruppen, 5v/1r
Höchstgeschw. (km/h):	28,4
Radstand (mm):	1942
Spur (mm):	v. 1250/1450/1650; hi. 1300, auf 1700 verstellb. in Stufen v. 100 mm
Gewicht (kg):	2100
Reifen:	v. 6,00-20 ASF, hi. 11-38 AS
Bremsen:	Feststellbremse: Außenbandbremse; Betriebsbremse: Innenbackenbremse, mech.
L x B x H (mm):	3410 x 1700 x 2300 (mit Wetterdach)
Riemenscheibe:	nicht mehr vorgesehen
Zapfwelle (U/min):	wahlweise motorgeb. fahrkuppl.-unabh. 580 oder getriebegeb. fahrkuppl.-abh, 554 bei 3,3 km/h
Hydraulik:	Dreipunkthydraulik

»Famulus 40« war der Werbename für diesen Schleppertyp mit der technischen Bezeichnung RT 325. Die Zurücknahme der Leistung durch Drehzahlherabsetzung war die logische Maßnahme nach dem Reinfall mit dem RS 14/46. In der technischen Ausstattung entsprach der RT 325 dem RT 315. Gebaut wurden 4569 Stück. Die Farbgebung war vorrangig grün.

RT 330 »Famulus 60«

Mit einer Frontgestaltung, wie sie auf dem unteren Bild zu erkennen ist, wurde der Prototyp des »Famulus 60« vorgestellt. Die Ähnlichkeit mit John-Deere-Traktoren brachte wahrscheinlich Proteste ein. Die späteren Versuchsmuster zeigten wieder das traditionelle Nordhäuser Outfit.

Hersteller:	Schlepper. Nordhausen
1. Baujahr / Bauzeit:	etwa 1963 / 1964
Fahrzeugart:	Radschlepper, Standard, Blockbauweise
Motorenhersteller:	Schlepperwerk Nordhausen
Motorenbauart:	4-Takt-Diesel, 3 Zyl., Reihe, WK
Motorenbezeichnung:	3 KVD 14,5/12 SRW
Bohrung x Hub (mm):	120 x 145
Hubraum (l):	4,92
Leistung (PS/kW):	60/44,2

Antrieb:	Hinterrad mit zusätzlichem Frontantrieb
Höchstgeschw. (km/h):	29,0
Radstand (mm):	2300
Spur (mm):	vorn 1250/1450/1650; hinten 1574/1654/ 1674(?)/1754
Gewicht (kg):	2300
Reifen:	v. 6,50-20 ASF, hi. 11-38 AS (14,00-34 AS)
Bremsen:	Feststellbremse: Außenbandbremse; Betriebsbremse: Innenbackenbremse, mech. mit Anhängerdruckluftbremse
L x B x H (mm):	3600 x 1900 x 1775 (ohne Kabine)
Riemenscheibe:	keine
Zapfwelle (U/min):	wahlweise motorgeb. fahrkuppl.-unabh. 580 oder getriebegeb. fahrkuppl.-abh., 532 bei 3,3 km/h nur in 1. Gruppe schaltbar
Hydraulik:	Dreipunkthydraulik

Oben: Die Maschine, wie sie in die Breitenerprobung ging, die aber so viele Mängel aufzeigte, dass eine Serienfertigung nicht aufgenommen wurde. Weitere Gründe dafür könnten darin gelegen haben, dass sich der ZT 300 bereits in der Konstruktionsphase befand und Nordhausen vor der Umprofilierung zur reinen Motorenfertigung stand.

ZT 300

Der ZT 300 entsprach, als er seinerzeit auf den Markt kam, dem Stand der Technik und brachte für die Mechanisierung der Landwirtschaft der DDR einen beachtlichen Aufschwung. Bei seiner Einführung war aber diese trotzdem skeptisch. In der Zeit vom 1.9.1969 bis 28.2.1970 wurde ein Rabatt von 5000 Mark beim Kauf eines ZT 300 gewährt, wenn gleichzeitig zwei Traktoren der 0,9-Mp-Klasse (RS 14) oder ein Traktor der 1,4-Mp-Klasse (z.B. MTS 5) aus der Produktion beziehungsweise aus Importen nach 1945 verschrottet wurde.

Mit der Bezeichnung ZT 304 (Bild unten) wurde ein Transporttraktor vorgestellt. Er sollte Transportleistungen in schwierigem Gelände und auf der Straße erfüllen. Seine Anhängemasse konnte 24 Tonnen betragen. Gegenüber der landwirtschaftlichen Grundausführung entfielen die Baugruppen Kraftheber mit Dreipunktanbau, Zapfwelle vorn und hinten, Unter-Last-Schaltstufe, Einzelradbremse und Arbeitsscheinwerfer.

Es ist nicht bekannt, ob ZT 301 und ZT 304 in größeren Stückzahlen hergestellt wurden.

Die Buchstaben hinter der Typenangabe bei den verschiedenen ZT-Ausführungen kennzeichnen konstruktive Veränderungen.

Auf der Basis der Grundausführung des ZT 300 wurde 1971 ein ZT 301 als Bautraktor für das Einsatzgebiet Bauindustrie und Meliorationsbau angeboten. Der Radstand war auf 2400 mm verkürzt, was die Beweglichkeit begünstigen sollte. Eingebaut wurde ein Dreizylindermotor mit 60 PS Leistung. Die derzeit vorliegenden Aussagen sind nicht ganz eindeutig, da auch dem TT 220, der mit dem Motor 3 VD 12/11 ausgerüstet war, eine solche Ausführungsvariante zugeordnet wird.

Hersteller:	Traktorenwerk Schönebeck
1. Baujahr / Bauzeit:	1967 / 1983
Fahrzeugart:	Radschlepper, Standard, Halbrahmenbauweise
Motorenhersteller:	Motorenwerk Nordhausen
Motorenbauart:	4-Takt-Diesel, 4 Zyl., Reihe, WK
Motorenbezeichnung:	4 VD 14,5/12-1 SRW
Bohrung x Hub (mm):	120/145
Hubraum (l):	6,56
Leistung (PS/kW):	90/66,2 [1]
Antrieb:	Hinterrad
Getriebe:	3 Gruppen, 3 Gänge vorw. 2 Gruppen, 3 Gänge rückw.
Höchstgeschw. (km/h):	30,0
Radstand (mm):	2800
Spur (mm):	vorn 1500/1625/1750/1875; hinten 1550/1650/1750/1800/1900/2000
Gewicht (kg):	4950
Reifen:	v. 7,50-20 ASF, hi. 18.4/15-30 AS
Bremsen:	Feststellbremse: Bandbremse, mech.; Betriebsbremse: hydraulisch auf Hinterachse mit Lenkbremse über hydr. Bremsumschalter
L x B x H (mm):	4889 x 2017 x 2586
Zapfwelle (U/min):	Heckzapfwelle serienmäßig, wahlweise motor- oder getriebegeb. über Doppelkupplung schaltbar, 540/1000; Zusatz Front- oder Zwischenzapfwelle
Hydraulik:	Anlage besteht aus Lenk-, Regel- und Kraftheberhydraulik, Dreipunktsystem

[1] ab 1978 100 PS/73,6 kW

ZT 303

Der ZT 303 war eine Modifikation des ZT 300 und für den Einsatz unter besonders schweren Bedingungen gedacht. Durch den zusätzlichen Vorderachsantrieb wurde die Zugleistung um ca. 10 % gesteigert. Es kam die angetriebene Vorderachse des LKW W50 zum Einsatz. Durch die Anordnung als Pendelachse ergaben sich Veränderungen am Achskörper. Die Getriebeteile wurden unverändert übernommen.

Hersteller:	Traktorenwerk Schönebeck
1. Baujahr / Bauzeit:	1971 / 1983
Fahrzeugart:	Radschlepper, Standard, Halbrahmenbauweise
Motorenhersteller:	Motoren. Nordhausen
Motorenbauart:	4-Takt-Diesel, 4 Zyl., Reihe, WK
Motorenbezeichnung:	4 VD 14,5/12-1 SRW
Bohrung x Hub (mm):	120 x 145
Hubraum (l):	6,56
Leistung (PS/kW):	90/66,2 [1]
Antrieb:	Hinterrad mit zusätzlichem Vorderradantrieb
Getriebe:	3 Gruppen, 3 Gänge vorw. 2 Gruppen, 3 Gänge rückw.
Höchstgeschw. (km/h):	30,0
Radstand (mm):	2790
Spur (mm):	vorn 1730; hinten 1650/ 1700/1800/1900/2000
Gewicht (kg):	5255
Reifen:	v. 12,5-20 Mehrzweck, hi. 15-30 AS (18.4/15-30 AS)
Bremsen:	Feststellbremse: Bandbremse, mech.; Betriebsbremse: hydraulisch auf Hinterachse, Gleitbackenbremse; Lenkbremse über hydr. Bremsumschalter
L x B x H (mm):	4890 x 2170 x 2620
Zapfwelle (U/min):	Heckzapfwelle, motorgeb., über Doppelkupplung schaltb., 540/1000
Hydraulik:	Anlage besteht aus Lenk-, Regel- und Kraftheberhydraulik, Dreipunktsystem

[1] ab 1978 100 PS/73,6 kW

In dieser Ansicht zeigt sich die geballte Kraft der Maschine.

ZT 320

Der Zugtraktor ZT 320 ist die Weiterentwicklung des ZT 300. Die Neuerungen erstrecken sich auf das Schaltgetriebe, die Hydraulikanlage mit Kraftheber sowie auf den Arbeitsplatz des Fahrers. Die Kabine konnte beheizt und belüftet werden. Der Sitz hatte Lufffederung. Die Lenkung erfolgte vollhydrostatisch.
Die Überarbeitung des Motors brachte eine Senkung des Kraftstoffverbrauches und der Schadstoffemission und einen verbesserten Drehmomentanstieg.

Hersteller:	Traktorenwerk Schönebeck
1. Baujahr / Bauzeit:	ab 1984
Fahrzeugart:	wie ZT 300
Motorenhersteller:	wie ZT 300
Motorenbauart:	wie ZT 300
Motorenbezeichnung:	4 VD 14,5/12-1 SRW
Bohrung x Hub (mm):	120 x 145
Hubraum (l):	6,56

Leistung (PS/kW):	100/73,6
Antrieb:	Hinterrad
Getriebe:	mech. Stufengetriebe mit Drehmomentverstärker und Unterlastschaltstufe, 4 Gangstufen, 3 Schaltgruppen vorw., 2 Schaltgruppen rückw.
Radstand (mm):	2800
Spur (mm):	vorn 1525 bis 1650; hinten 1650 bis 2000
Gewicht (kg):	5020
Reifen:	v. 10-20 MPT, hi. 18,4-34 AS
Bremsen:	Feststellbremse: Bandbremse, mech.; Betriebsbremse: Trommelbremse, hydr., Einzelradbremsung für Transportaufgaben Druckluftbremsanlage im Einleitungs- und Zweileitungsbetrieb
L x B x H (mm):	4650 x 2160 (Normalspur) x 2980
Zapfwelle:	547, heckseitig, fahrkuppl.-unabh.
Hydraulik:	Dreipunkt-Hydraulik mit Regelsystemen

ZT 323

Der ZT 323 ist praktisch die verbesserte Variante des ZT 303 mit dem technischen Konzept des ZT 320. Eine gleiche Aussage ist zum ZT 325 zu treffen, der ebenso speziell wie der ZT 305 für den Einsatz in Hanglagen konzipiert wurde. Mit den vorgestellten ZT-Ausführungen waren allerdings weder die Ideen noch die Aktivitäten der Schönebecker Konstrukteure erschöpft. Das wurde schon mit der Vorstellung

Hersteller:	Traktorenwerk Schönebeck
1. Baujahr / Bauzeit:	ab 1984
Fahrzeugart:	Radschlepper, Standard, Halbrahmenbauweise
Motorenhersteller:	Motorenw. Nordhausen
Motorenbauart:	4-Takt-Diesel, 4 Zyl., Reihe, WK
Bohrung x Hub (mm):	120 x 145
Hubraum (l):	6,56
Leistung (PS/kW):	100/73,6
Antrieb:	Hinterrad mit zusätzlichem Vorderradantrieb
Getriebe:	mech. Stufengetriebe mit Drehmomentverstärker und Unterlastschaltstufe; 4 Gangstufen, 3 Schaltgruppen vorw.; 2 Schaltgruppen rückw.
Höchstgeschw. (km/h):	30,7
Radstand (mm):	2880
Spur v/h (mm):	1766/1766
Gewicht (kg):	5690
Reifen:	v. 16-20 MPT, hi. 18,4-34 AS
Bremsen:	Feststellbremse: Bandbremse, mech.; Betriebsbremse: Trommelbremse, hydr./ Einzelradbremse für Transportaufgaben Druckluftbremsanlage im Einleitungs- und Zweileitungsbetrieb
L x B x H (mm):	4650 x 2250 x 2980
Zapfwelle (U/min):	547/982, heckseitig, fahrkuppl.-unabh.
Hydraulik:	Dreipunkt-Hydraulik mit Regelsystemen

der Typen ZT 301 und ZT 304 demonstriert. Es gibt ZK-Entwürfe mit den zurzeit bekannten werksinternen Bezeichnungen bis ZT 315. Zum Teil waren es Studienobjekte, in denen sich neue Ideen umgesetzt fanden, aber es gab auch Entwürfe zur simplen Anpassung des Schleppers an bestimmte Aufgaben. Es waren auch Konstruktionen, die dem internationalen Trend nach Leistungserhöhung, Verbesserung der Traktion und Realisierung energiewirtschaftlicher Auf gaben dienten. Auf den folgenden Seiten sollen einige davon vorgestellt werden.

ZT 305

Der ZT 305 war eine Modifikation des ZT 303 D mit folgenden Abweichungen bzw. zusätzlichen serienmäßigen Ausrüstungen:

- Ausrüstung der Hinterachse mit Zwillingsrädern unter Verwendung von Zwischenstücken
- pneumatische verstärkte Abbremsung der vorderen Triebachse
- Hubkupplung für Aufsattelanhänger und Geräte
- druckloser Rücklauf für den Antrieb von Hydromotoren und weiteren Hydraulikausrüstungen
- Front-Ballastmassen

Durch den Einsatz der Zwillingsräder wurde der Hangeinsatzwinkel auf 45 % (24°) erhöht.

Hersteller:	Traktorenw. Schönebeck
1. Baujahr / Bauzeit:	1982 / 1985
Fahrzeugart:	Radschlepper, Standard, Halbrahmenbauweise
Motorenhersteller:	Motorenw. Nordhausen
Motorenbauart:	4-Takt-Diesel, 4 Zyl., Reihe, WK
Motorenbezeichnung:	4 VD 14,5/12-1 SRW
Bohrung x Hub (mm):	120 x 145
Hubraum (l):	6,56
Leistung (PS/kW):	100/73,6
Antrieb:	Hinterrad mit zusätzlichem Vorderradantrieb
Getriebe:	wie ZT 303
Höchstgeschw. (km/h):	30,0
Radstand (mm):	2700
Spur (mm):	vorn 1850; hinten 2760 (bei Zwillingsbereifung)
Gewicht (kg):	6520 (mit Zwillingsreifen und Frontgewichten)
Reifen:	v. 16-20 Mehrzweck, hi. 18,4-34 AS (Zwilling)
Bremsen:	Feststellbremse: Bandbremse mech.; Betriebsbremse: hydr. Trommelbremse, pneumatisch verstärkt, für Vorder- und Hinterräder
L x B x H (mm):	4890 mit vord. Ballastgewichten x 3263 mit Zwillingsreifen x 2700
Zapfwelle (U/min):	motorgeb. fahrkuppl.-unabh., 540/1000
Hydraulik:	wie ZT 303

ZT 305, Ausführung 1981. (Archiv G. Irmler)

Hinterachs-tandem-ZT 300

Eine Kuriosität ist wohl der ZT 300 mit Hinterachstandem, der 1968 als Studie für bessere Traktionsmethoden entstand. (Ähnlich war schon vorher auf Basis der RS-14-Reihe eine Maschine gebaut worden.) Die Maschine blieb ein Einzelstück. Schade, dass sie nicht im Original erhalten blieb. Sie wäre damit bestimmt der Blickfang bei Oldtimertreffen. Man muss sich allerdings auch fragen, ob die Zweckmäßigkeit Ziel der Konstruktion war oder das Ausleben konstruktiver Phantasien Pate stand.

Es bestand ebenfalls die Anregung, entsprechend der in den 60er Jahren kursierenden Euphorie für Tandemschlepper (spezielle Kupplung zweier Serienmaschinen mit Hinterachsantrieb, in der DDR mit Traktoren der RS-14-Reihe praktiziert) ZT-Traktoren in dieser Form zu bauen. Realität gewordene Ausführungen solcher Gedankenspiele sind jedoch nicht bekannt.

ZT 300 mit Hinterachstandem.
(Foto: Archiv G. Irmler)

ZT 307, ZT 403, ZT 423

Die Serienproduktion des ZT 300 war gerade erst angelaufen, als man in Schönebeck unter der internen Bezeichnung ZT 307 bereits eine Weiterentwicklung mit der Motorleistung von 150 PS präsentierte. Wenn auch dazu keine Aufschluss gebenden technischen Daten vorliegen, ist davon auszugehen, dass hier schon der Sechszylinder-Motor, der dann auch im Feldhäcksler Verwendung fand, eingesetzt wurde.

ZT 307, Baujahr 1967, 150 PS.
(Foto: Archiv G. Irmler)

ZT 403 auf Basis ZT 303.

Ein »offizieller« Einsatz dieser Maschine mit einer Kleinserie von 10 Stück erfolgte unter der Typenbezeichnung ZT 403. Eine von diesen Maschinen ist noch erhalten und wird auf Oldtimerschauen vorgestellt. Die »Verwandtschaft« mit dem ZT 303 lässt das am Halbrahmen dieser Maschine vorhandene Typenschild erkennen. Das jetzt die »4« in der Typenbezeichnung erscheint, hängt damit zusammen, dass die etwas umstrittene Methode der Einteilung der Traktoren nach Zugkraftklassen auf der Basis der »Nennzugkraft« Anwendung fand. Der Einsatz des leistungsstärkeren Motors führte zwangsläufig zu einer höheren Zugkraft. Diese lag in einem Bereich, der die Anforderungen der Klasse 4 nach der TGL 33-50001 erfüllte.

Der ZT 423 ist die weitere Verfolgung des beschrittenen Weges mit dem nunmehr in Serie gegangenen ZT 323. Nach den vorliegenden Erkenntnissen sind die Entwicklungsarbeiten für die Maschinen mit einer Motorleistung von 150 PS / 110 kW im Traktorenwerk Schönebeck gelaufen. ZT 423 sind dann in Kleinserie im Kreisbetrieb für Landtechnik Zerbst / BT Hobeck gebaut worden. Über die produzierte Stückzahl gibt es keine zuverlässigen Zahlen, Noch vorhandene Maschinen haben mehrfach den Besitzer gewechselt. Nach den vorliegenden Erkenntnissen sind nur Maschinen mit zusätzlichem Vorderradantrieb umgebaut worden.

Hersteller:	Traktorenwerk Schönebeck [1]
1. Baujahr / Bauzeit:	etwa 1985
Fahrzeugart:	Radschlepper, Standard, Blockbauweise
Motorenhersteller:	Dieselmotorenwerk Schönebeck
Motorenbauart:	4-Takt-Diesel, 6 Zyl., Reihe, WK
Motorenbezeichnung:	6 VD 14,5/12-1 SRW
Bohrung x Hub (mm):	120 x 145
Leistung (PS/kW):	150/110
Antrieb:	Hinterrad
Getriebe:	keine Angaben
Höchstgeschw. (km/h):	30,0
Radstand:	keine Angaben
Spur:	keine Angaben
Reifen:	v. 16-20 MPT., hi. 18,4-34 AS (?)
L x B x H (mm):	5064 x 2240 x 2960

[1] Siehe dazu Aussagen im Text. Andere technische Angaben zur Zeit nicht zugänglich.

ZT 423.
(Foto des ehemaligen Besitzers H. Rehfeld)

LNG-ZT 300

Das Wesentliche an dieser Maschine ist weniger die Konstruktion des Schleppers als vielmehr der Einsatz einer Variation des Motors 4 VD 14,5/12-1 SRW. Zur Erläuterung: »LNG« ist die Abkürzung für »Liquefied Natural Gas«. Im speziellen Fall kam Biogas zum Einsatz. Die Bezeichnung »CNG« steht für »Compressed Natural Gas«, d. h. es ist ein verdichtetes brennbares Gas in Druckflaschen mit 15 bis 20 MPa Druck. Der Einsatz des LNG-ZT 300 (in ähnlicher Weise wurden z.B. auch der Lkw W 50 und im Versuch sogar Pkws betrieben) war eine Alternative, mit der man der angespannten Situation auf dem Erdölmarkt zu begegnen hoffte, indem man einen im zunehmende Maße zur Verfügung stehenden Brennstoff zu nutzen. Das Gas wurde in einem speziell konstruierten und dimensionierten »Kyro-Tank« mit einem Nettoinhalt von 200 Litern im Traktor mitgeführt. Der Einsatz von LNG stellte eine gewisse Neuheit dar, weil die Betriebszeit zwischen den Tankfüllungen bei mittlerer Motorenbelastung über elf Stunden betrug. Es konnte also eine komplette Schicht mit einer Füllung gefahren werden. Der modifizierte 4 VD 14,5/12-1 SRW des Motorenwerkes Nordhausen arbeitete nach dem Prinzip eines Zündstrahl-Gasmotors. Mit diesem Prinzip konnte jederzeit eine Umschaltung von Gas auf Dieselbetrieb erfolgen.

LNG-ZT 300 mit harmonisch eingefügtem Kyro-Tank.

ZT 300 GB

Die Entwicklungsarbeiten wurden vom Traktorenwerk Schönebeck geleistet. Bei Zulieferung der notwendigen Komponenten erfolgte die Montage des Fahrzeuges im Kreisbetrieb für Landtechnik Zerbst, Betriebsteil Hobeck. Durch die veränderte Antriebsart gegenüber dem Basisfahrzeug musste ein besonderes Lenkgetriebe nach dem System Cletrac eingebaut werden, wodurch auch die Bremsen beeinflusst wurden Außerdem gab es Veränderungen bei verschiedenen Aggregaten.

Das Gleisband bestand aus einem endlosen Gummiband, das durch dehnungsarme Polyamidfasern verstärkt wurde. Die Griffigkeit wurde durch außen aufvulkanisierte Gummistollen erreicht. Vorderes Leitrad und Stützrad waren pendelnd luftgefedert an der starren Hinterachse gelagert. Der Antrieb erfolgte kraftschlüssig vom hinteren Triebrad. Die Spannung des Laufwerkes erfolgte hydraulisch über das vordere Leitrad.

Durch die vom ZT 300 übernommene Grundkonzeption konnten die diesem Fahrzeugtyp eigenen Aufgaben im Einsatz mit Anbau-, Aufsattel- und Anhängegeräten einschließlich Transport auf wenig tragfähigem Gelände durchgeführt werden. Speziell für den Transport war dazu ein Aufsattel-Triebachsanhänger entwickelt worden.

Die Einsatzergebnisse waren positiv, sodass mit dem Nachfolger des ZT 300, dem ZT 320 (technische Daten siehe Seite 83), die Versuche weitergeführt wurden. Die geringe Standzeit des Gleisbandes, für deren Erhöhung es in der DDR kurzfristig keine Möglichkeit gab, führte jedoch zur Einstellung weiterer Versuche. Über die gefertigten Stückzahlen gibt es Angaben von 28 (wahrscheinlicher) bis 63 Stück. Erfreulicherweise haben einige Fahrzeuge in Privatbesitz und eines im Besitz des Museums in Markkleeberg die Zeit überstanden.

Hersteller:	Traktorenwerk Schönebeck [1]
1. Baujahr / Bauzeit:	etwa 1983 / 1985
Fahrzeugart:	Spezialfahrzeug auf Basis ZT 300 mit Gleisbandlaufwerk, Halbrahmenbauweise
Motorenhersteller: `	Motorenwerk Nordhausen
Motorenbauart:	4-Takt-Diesel, 4 Zyl., Reihe, WK
Motorenbezeichnung:	4 VD 14,5/12-1 SRW
Bohrung x Hub (mm):	120 x 145
Hubraum (l):	6,56
Leistung (PS/kW):	90/66,2 [2]
Antrieb:	Gummigleisband
Getriebe:	3 Gruppen, 3 Gänge vorw., zu rückw. keine Angaben; Cletrac-Lenkgetriebe mit nasslaufender Lenkbremse
Höchstgeschw. (km/h):	20,7 ohne Unterlast; 16,4 mit Unterlast
Spur (mm):	1600
Gewicht (kg):	6400
Gleisbandbreite (mm):	650 (?)
Auflagelänge (mm):	2400 (?)
L x B x H (mm):	5400 x 2470 x 2650
Zapfwelle:	wie bei ZT 300, keine verbindlichen Angaben
Hydraulik:	wie bei ZT 300, keine verbindlichen Angaben

[1] Siehe dazu Aussagen im Text

[2] Da der ZT 300 ab 1978 mit dem 100-PS-Motor ausgerüstet wurde, ist anzunehmen, dass auch der ZT 300 GB diesen hatte.

ZT 300-GB
36 8136

FORTSCHRITT

TT 220

Zur Familie der Zugtraktoren gehört auch der TT 220. Hier abgebildet ist die vom Landwirtschaftsmuseum in Markkleeberg restaurierte und auch dort eingestellte Maschine. Mit seinen 60 PS war der TT 220 für schlagkräftigen Einsatz bei Pflegearbeiten und andern leichteren Zugarbeiten gedacht. Das Kürzel TT für Tragtraktor lässt ihn als einen Ersatz für den RS 09/ GT 124 erkennen.

Da die Maschine sich noch in der Entwicklung befand, sind nur geringe technische Daten mit unterschiedlichen Aussagen bekannt. Das in Markkleeberg vorhandene Exemplar ist mit dem Motor 3 VD 12/11 SRW ausgerüstet, einer Entwicklungsreihe, die zu Gunsten der VD 14,5-Reihe nicht fortgeführt wurde. Darüber hinaus gab es Probleme mit der Fertigungskapazität bei dem konzipierten technisch aufwendigen Getriebe.

Prototypen

Der TT 220 ist nicht die einzige Entwicklung, die auf der Strecke blieb und nie in die Serienfertigung gelangte.

Einige weitere Konstruktionen, die dieses Schicksal teilten, sollen im Folgenden zumindest durch Bilder und kurze Anmerkungen vorgestellt werden. Von ihnen sind nach derzeitigem Erkenntnisstand keine Muster übrig geblieben.

Oben: 1958 wurde vom Schlepperwerk Nordhausen eine Maschine in die Erprobung gegeben, die von der Konstruktion her als Allradtraktor bezeichnet werden kann. Sie wurde als RS 10 geführt. Das Bild zeigt sie bei Zugversuchen in der damaligen MTS-Prüfgruppe Weißensee/Thüringen. Der realisierte Lenkvorgang wurde als Schlupflenkung bezeichnet. Das führte zu großem Reifenverschleiß und beeinträchtigte die Bodenstruktur.

Links: Zum gleichen Zeitpunkt kam ein weiterer Prototyp eines Allradschleppers zum Einsatz. Er war aus einem Robur-Lkw entstanden, dessen Rahmen man quer getrennt und eingekürzt hatte. Die Rahmenstücke waren dann wieder gelenkig miteinander verbunden worden. Es ist leicht einzusehen, dass die Zugversuche zu diesem Zeitpunkt nicht befriedigten.

Aus dem einfachen Versuchsmuster entstand durch systematische Weiterentwicklung der RTA 0511/60 mit der inoffiziellen Bezeichnung »Bornimog«, der einer sehr intensiven Erprobung in verschiedenen Einsatzfällen unterzogen wurde. Die Ergebnisse waren positiv und es bestand reges Interesse an der Maschine. Die weitere Erprobung wurde aber trotzdem abgebrochen und die Weiterentwicklung eingestellt. War es die große Ähnlichkeit mit dem Unimog, die das Schicksal besiegelte?

Oben: Neben dem TT 220 kam aus dem Hause Schönebeck 1984 ein weiterer Versuch, die dort geplante Traktorenfamilie zu ergänzen. Die Bezeichnung »FT 4520« lässt insbesondere durch die Buchstabenkürzel »FT« die Zuordnung zum Kombinat Fortschritt Landmaschinen Neustadt/Sa. erkennen.
An technischen Daten zur Maschine sind bekannt: Motor 3 VD 14,5/12-2 SRW, 45 KW / 60 PS, 1800 U/min., Allradantrieb, Vierradbremse, mit Eilgang 40 km/h.

Links: Ingenieur Hendrichs entwickelte Anfang der 50er-Jahre die Idee, mit einer Grundmaschine drei Variationen herzustellen: einen Ackerschlepper, einen Straßenschlepper und einen Kettenschlepper.
Im Bild wird die Variante Kettenschlepper gezeigt. Die Typenbezeichnungen waren RS 10 (eine Duplizität mit dem Nordhäuser Schlepper aus unbekannten Gründen), der als Ackerschlepper laufen sollte, RS 11, die Straßenschleppervariante, und KS 12 für den Kettenschlepper.
Die technische Ausstattung war für die damalige Zeit ein Fortschritt gegenüber dem in der Produktion laufenden RS 01. Aber auch diese Entwicklung wurde nicht weitergeführt.

Maschinenträger

Der MT 160 und Aufbaumaschinen

Mitte der 50er Jahre entstanden in einer Reihe von führenden Industrieländern Bestrebungen, dem Geräteträger einen größeren Bruder zur Seite zu stellen. Das war der Maschinenträger. Der Gedanke war, den beispielsweise beim selbstfahrenden Mähdrescher nach der Saison brachliegenden technischen Aufwand ganzjährig zu nutzen. Deshalb konstruierte man besondere Fahrgestelle mit Motor, Getriebe, Lenkungsorganen, hydraulischer Ausrüstung und sonstigen notwendigen Bedienelementen, die je nach Einsatzbedarf mit speziell gebauten Maschinen der Halmfrucht-, Dreschfrucht- und Hackfruchternte sowie auch mit Aufbauten für den Transport im Wechselbetrieb ausgerüstet werden sollten. Solche Bestrebungen gab es beispielsweise in der Bundesrepublik bei Claas, in der CSSR bei Agrostroi, in der UdSSR bei Rostelmasch, in den USA bei Minneapolis/Moline und in Frankreich bei D'Antell/Montarlan.

Auch in der DDR wollte man auf diesen Zug der Zeit aufspringen, zumal die alles beherrschende Partei auf ihrem V. Parteitag (Berlin, 10.7. bis 16.7. 1958) ausdrücklich gefordert hatte, »...bis 1960 einen allradgetriebenen Traktor mit der Möglichkeit des Aufbaus von vier verschiedenen Vollerntemaschinen in das Produktionsprogramm aufzunehmen«.

Rechts oben: MT 160 mit aufgesattelten Mähdrescher.
Rechts unten: MT 160 mit aufgesattelten Feldhäcksler.
Unten: Fahrgestell des MT 160.

Oben: Basismodell des Triebsatzschleppers TS 46/60. (Foto: Archiv G. Irmler)
Rechts oben: Basismodell des TS 46/60, für den Aufbau einer Vollerntemaschine vorbereitet. (Foto: Archiv G. Irmler)
Rechts unten: TS 46/60 mit Kartoffelvollerntemaschine. (Foto: Archiv G. Irmler)

Dem Gattungsbegriff »Maschinenträger« wurde als eine Art Weiterentwicklung der Begriff »Triebsatz« zur Seite gestellt. Seine Artbeschreibung lautete: »Triebsätze sind landwirtschaftliche Zug-, Trag- und Arbeitsmaschinen, bei denen ein Motor-Getriebe-Block so ausgebildet ist, dass er ein Maximum an Ausführungsformen zulässt, sodass alle möglichen Traktorenformen durch verschiedene Rüstzustände rekonstruiert werden können.«

Der Entwicklungsaufwand war allerdings enorm. Abgesehen davon, dass die Wirtschaftskraft der DDR damit überfordert wurde, zeigte sich auch international, dass das Konzept nicht wirtschaftlich zu realisieren war. Den selbstfahrenden Spezialmaschinen wurde, wie schon am Beispiel des Mähdreschers allgemein eindrucksvoll demonstriert, der Vorzug gegeben.. In der DDR wurde die Entwicklung von Maschinenträgern 1962 abgebrochen. Die bis zu diesen Zeitpunkt erreichten Entwicklungsergebnisse sollen, da keine technischen Daten vorliegen, nachstehend zumindest in Bildern vorgestellt werden.

Oben: TS 46/60 mit Rübenvollerntemaschine. (Foto: Archiv G. Irmler)

Unten: TS 46/60 als Zugschlepper mit Anhängepflug. (Foto: Archiv G. Irmler)

Kleintraktor Fortschritt RZT 90

Hersteller:	Martin Rössner, Meckfeld
1. Baujahr / Bauzeit:	etwa 1988 / 1989
Fahrzeugart:	Radschlepper, Standard, Halbrahmenbauweise
Motorenhersteller:	Motorenwerk Cunewalde
Motorenbauart:	4-Takt-Diesel, 4 Zyl., Reihe, WK
Motorenbezeichnung:	4 VD 8,5/9-SRF
Bohrung x Hub (mm):	90 x 85
Hubraum (l):	2,24
Leistung (PS/kW):	45/33,1
Antrieb:	Hinterrad
Höchstgeschw. (km/h):	30,0
Getriebe:	5v/1r, Nebenabtrieb
Radstand (mm):	1750
Spur v/h (mm):	1270/1250
Gewicht (kg):	1850
Bremsen:	keine Angaben
Zapfwelle:	keine Angaben
Hydraulik:	Lenk- und Arbeitshydr.; Arbeitshydraulik motor- und getriebegebunden schaltbar; Dreipunktaufhängung doppelwirkend

Der RZT 90 sieht aus wie ein kleiner Bruder aus der ZT-Reihe. Das war bewusst so geplant. Der RZT 90 ist ein echtes Kind der DDR-Politik, und das im doppelten Sinne. Einmal entstanden aus dem Bestreben des Konstrukteurs und Erbauers, sich ein eigenes Fahrzeug für die Erfüllung privater Aufgaben zu schaffen, dem später eine Unterstützung durch das staatlich geförderte Neuererwesen (in diesem Falle Förderung durch das Kombinat Fortschritt Neustadt/Sachsen) zuteil wurde.
Wenn auch nur der Prototyp entstand, ist seine Vorstellung doch ein Mosaiksteinchen in der Geschichte des DDR-Traktorenbaus. Das Ende der DDR 1989 war leider auch das Ende dieser interessanten Entwicklung.
Weitere Konstruktionen von Martin Rössner, die von ihm selbst entwickelt worden sind bzw. an denen er entscheidend mitgewirkt hat, sind: Kleinschlepper UNICAR 67, UNICAR 69, UNICAR FM 01/72, UNICAR 2604, Forstschlepper DFU 45 und RZT 84.

Kleindiesel-schlepper »Rauhbautz«

Der »Urahn« der Rauhbautz-Schlepper, angetrieben von einem LD-130-Motor.

Die Firma Manhardt-Landmaschinenbau, Wutha/Thüringen wurde 1946 durch Walter Manhardt gegründet.
Die Firma arbeitete auch mit Egon Scheuch bei der Entwicklung von Anbaugeräten zur »Ackerbaumaschine«, der Vorstufe des Geräteträgers, zusammen. 1957 stieg sie auch in den Traktorenbau ein.
Das Bild auf Seite 107 zeigt das Fahrzeug in seiner letzten Version in recht ansprechender Gestaltung. Die Dreiradausführung war dem Betrieb vorgeschrieben worden.
Der Kleinschlepper sollte in der Landwirtschaft, im Gartenbau, in der Industrie und im kommunalen Bereich Anwendung finden. Seine große Wendigkeit wurde gerühmt. Die Produktion endete bei 15 Stück.

Das Bild zeigt eine Vorstufe der Entwicklung mit enggestellten Vorderrädern, um der Forderung nach einer Dreiradausführung nachzukommen. Hier kam der EKM-Diesel LD 130 vom Motorenwerk Cunewalde zum Einsatz. Er hatte Verdampfungskühlung und leistete 10 PS.

Hersteller:	Manhardt-Landmaschinenbau, Wutha/Thüringen
1. Baujahr / Bauzeit:	etwa 1957
Fahrzeugart:	Dreirad-Schlepper, Rahmenbauweise
Motorenhersteller:	Robur-Werke, Zittau
Motorenbauart:	4-Takt-Diesel, 2 Zyl., Reihe, LK
Motorenbezeichnung:	GD 2
Bohrung x Hub (mm):	90 x 125
Hubraum (l):	1,59
Leistung (PS/kW):	13/9,6 [1]
Antrieb:	Hinterrad
Getriebe:	Viergang-Wechselgetr. mit Rückwärtsgang
Höchstgeschw. (km/h):	8,6 [1]
Radstand (mm):	1600

Spur (mm):	850, auch mit 1250
Gewicht (kg):	1150
Reifen:	v. 5,00-16 ASF, hi. 8,00-20 AS
Bremsen:	Feststellbremse: Handbremse auf Hinterräder; Betriebsbremse: Öldruck-Fußbremse
L x B x H (mm):	2400 x 1100 (1500) [2] x 1500
Riemenscheibe:	keine
Zapfwelle:	auf Wunsch
Hydraulik:	keine

[1] das Fahrzeug konnte mit zwei verschiedenen Leistungen geliefert werden, mit 13 PS bei 1500 U/min und mit 17 PS bei 2000 U/min, dabei dann Höchstgeschwindigkeit 11,5 km/h

[2] bei Spur 1250

Klein-schlepper S1

Der Kleinschlepper S1 war ein Fahrzeug, das für die Durchführung innerbetrieblicher Transporte auf festen Fahrstraßen konzipiert war.

Hersteller:	Brandiser Maschinen- und Apparatebau
1. Baujahr / Bauzeit:	etwa 1961
Fahrzeugart:	Radschlepper, Standard, Rahmenbauweise
Motorenhersteller:	Robur-Werke, Zittau
Motorenbauart:	4-Takt-Diesel, 1 Zyl., stehend, LK

Motorenbezeichnung:	1 NVD 12,5/9 SL
Bohrung x Hub (mm):	90 x 125
Hubraum (l):	0,795
Leistung (PS/kW):	6,5/4,8
Antrieb:	Hinterrad
Getriebe:	Zahnradschubgetriebe 3v/1r
Höchstgeschw. (km/h):	14,0
Radstand (mm):	1200
Spur v/h (mm):	644/555
Gewicht (kg):	720
Reifen:	v. 400 x 100 verstärkt, hi. 6,50-16 Gel.
Bremsen:	Feststellbremse: mech. Handbremse auf Hinterräder; Betriebsbremse: hydr. Fußbremse auf Hinterräder
L x B x H (mm):	2120 x 800 x 1330
Riemenscheibe:	keine
Zapfwelle:	keine
Hydraulik:	keine

Kleinschlepper DFZ 322/DFZ 632

Ursprünglich als Transportschlepper für Ziegeleien entwickelt, entstanden durch Weiterentwicklung aus den Maschinen leistungsstarke kleine Industrieschlepper mit frontseitiger Hubeinrichtung und Druckluftbremsanlage für Anhänger für die verschiedensten Transportaufgaben. Beispielsweise kamen zirka 300 Stück auf dem Flughafen Havanna zum Einsatz. Nach vorliegenden Angaben wurden jährlich etwa 300 Stück gebaut.

Hersteller:	Produktionsgenossenschaft des Handwerks (Metall), Pomßen, Kr. Grimma
1. Baujahr / Bauzeit:	1965 / 1983
Fahrzeugart:	Radschlepper, Standard, Rahmenbauweise
Motorenhersteller:	Motorenwerk Cunewalde
Motorenbauart:	4-Takt-Diesel, 2/4 Zyl., V-Form, LK
Motorenbezeichnung:	2 KVD 8/8-SVL / 4 KVD 8/8-SVL
Bohrung x Hub (mm):	80 x 80
Hubraum (l):	0,8 / 1,6
Leistung (PS/kW):	15/11 / 30/22
Antrieb:	Hinterrad
Getriebe:	4v/1r
Höchstgeschw. (km/h):	28,0
Radstand (mm):	850
Spur v/h (mm):	1480
Gewicht (kg):	1200 / 1620
Reifen:	v. 21 x 4, hi. 6,50-16
Bremsen:	Feststellbremse: keine Angaben; Betriebsbremse: hydr. auf Hinterräder
L x B x H (mm):	2722 x 1100 x 1970
Hydraulik:	für frontseitigen Gabelstapler

MWS 45

Der Traktor MWS 45 war eine Spezialmaschine für Hanglagen zur Bearbeitung von Grünfutterflächen. MWS ist die Abkürzung für Mäh-, Wende- und Schwadmaschine. Die Zahl 45 steht wahrscheinlich symbolisch für den erreichbaren statischen Kippwinkel, der bei 45° lag. Die Maschine entstand unter Verwendung von Baugruppen des Kleintransporters Multicar-Allrad. Die Entwicklung und der Bau des Fahrzeuges MWS 45 ist symptomatisch für das letzte Jahrzehnt der DDR im Bereich der Landtechnik. Es gab einerseits in den Kreisbetrieben für Landtechnik ein Überangebot an Fertigungskapazitäten. Auf der anderen Seite bestand ein nicht unerheblicher Bedarf an speziellen Arbeitsmitteln für die Landwirtschaft. Aus dieser Situation heraus entwickelte sich praktisch ein neuer Zweig der Landmaschinenproduktion, der allgemein unter dem Titel Rationalisierungsmittelbau geführt wurde. Nach durchgeführten Ermittlungen wurden etwa 150 bis 200 MWS 45 gebaut.

Hersteller:	Kreisbetrieb für Landtechnik Stadtlengsfeld/ Betriebsteil Geisa
1. Baujahr / Bauzeit:	ab 1987
Fahrzeugart:	Radschlepper, Spezialausführung, Vollrahmen
Motorenhersteller:	Motorenwerk Cunewalde
Motorenbauart:	4-Takt-Diesel, 4 Zyl., Reihe, WK
Motorenbezeichnung:	4 VD 8,8/8,5-SRF
Bohrung x Hub (mm):	85 x 88
Hubraum (l):	2,0
Leistung (PS/kW):	36/26,5
Antrieb:	Allrad
Getriebe:	Wechselgetriebe mit integriertem Kriechgang und Verteilergetriebe, 2 Gruppen, 3 Gänge vorw., 2 Gänge rückw.
Radstand (mm):	1840
Spur v/h (mm):	1430/1530
Gewicht (kg):	1620
Reifen v/h:	10,0/75-15
Bremsen:	Feststellbremse: mech. auf Hinterräder; Betriebsbremse: Zweikreis-Duo-Duplexbremse auf Vorder- und Hinterräder
L x B x H (mm):	3650 x 1790 x 2100
Zapfwelle (U/min):	motorgeb., fahrkuppl.-unabh., separat schaltbar; Heckzapfwelle 540; Frontzapfwelle 1000
Hydraulik:	Arbeits- und Lenkhydr., Dreipunktanbau, front- und heckseitig

Universalgeräteträger UT 082

Der Universalgeräteträger UT 082 war für die Mechanisierung von Mittel- und Kleinanlagen der Tierproduktion sowie für die Bewirtschaftung von Kleinflächen in der Pflanzen-, Obst- und Gemüseproduktion vorgesehen. Es standen diverse Anbaugeräte aus der DDR-Produktion wie auch aus der Volksrepublik Polen und der Tschechoslowakischen Republik zur Verfügung. Es wurden zirka 1200 Einheiten gebaut.

Hersteller:	Kreisbetrieb für Landtechnik Lübben, Betriebsteil Lübtheen
1. Baujahr / Bauzeit:	ab 1985
Fahrzeugart:	Radschlepper, Standard, Halbrahmenbauweise
Motorenhersteller:	Motorenwerk Cunewalde
Motorenbauart:	4-Takt-Diesel, 2 Zyl., V-Form, LK
Motorenbezeichnung:	2 VD 8/8-2 SVL
Bohrung x Hub (mm):	80 x 80
Hubraum (l):	0,8
Leistung (PS/kW):	13,6/10
Antrieb:	Hinterrad
Getriebe:	4v/1r
Höchstgeschw. (km/h):	22,0
Radstand (mm):	1710
Spur (mm):	vorn 860/1080/1140; hinten 900/1150/1250
Gewicht (kg):	1180
Reifen:	v. 5,20- 13 MS, hi. 8.3/8-24 AS
Bremsen:	Feststellbremse: mech. auf Hinterräder; Betriebsbremse: hydraulisch betätigte Innenbackenbremse/Hinterräder
L x B x H (mm):	3420 x 1980 x 1510
Zapfwelle (U/min):	zweistufig schaltbar, 540 bei Motordrehz. 3000 U/min; 540 bei Motordrehz. 2200 U/min; Zusatzschaltung 1000 bei Motordrehz. 3000 U/min
Hydraulik:	Dreipunktsystem; vollhydraulische Lenkung mit Notlenkeigenschaften

UT 082 mit Frontlader. (Foto: Archiv G. Irmler)

HT 140

Die Stallarbeitsmaschine HT 140 war ein spezifisches Mechanisierungsmittel für die Durchführung aller Arbeiten im Rahmen der mobilen Mechanisierung von Anlagen der Tierproduktion. Mit ihr konnten Stallanlagen ab 1,7 m Gangbreite befahren werden. Zur Standardausrüstung gehörten Kehrgerät und Front-

lader, Hubkupplung hinten und Druckluft-Speicher-Bremsanlage für Anhänger.
Die Maschine war für den Straßenverkehr zugelassen. Über die gefertigten Stückzahlen liegen keine Angaben vor.

Hersteller:	Weimar-Werk, Weimar
1. Baujahr / Bauzeit:	ab 1985
Fahrzeugart:	Radschlepper, Sonderausführung, Rahmenbauweise
Motorenhersteller:	Motorenwerk Cunewalde
Motorenbauart:	4-Takt-Diesel, 4 Zyl., Reihe, WK
Motorenbezeichnung:	4 VD 8,8/8,5-2 SRF
Bohrung x Hub (mm):	85 x 88
Hubraum (l):	2,0
Leistung (PS/kW):	37/27,5
Antrieb:	Vierradantrieb
Getriebe:	mech. Stufengetriebe mit Wendegetriebe, 2 Gruppen, 4 Gänge
Höchstgeschw. (km/h):	20,16
Radstand (mm):	1965
Spur v/h (mm):	1330/1230
Gewicht (kg):	3195
Reifen v/h:	10-20 MPT
Bremsen:	Feststellbremse: mech. Handbremse; Betriebsbremse: Öldruckbremse, druckluftverstärkt, Innenbackenbremse, nur auf Vorderräder
L x B x H (mm):	4120 x 1640 x 3680, Frontlader in höchster Stellung
Zapfwelle (U/min):	540, motorgeb., fahrkuppl.-unabh., heckseitig
Hydraulik:	4 getrennte unabhängige Anlagen für Lenkung, Wendegetriebeschaltung, freie Anschlüsse vorn und hinten für hydrostatische Antriebe

Mähdrescher »Patriot«, Baureihe E 171 bis E 177

Die vorgestellten Daten entsprechen dem Typ E 171. Die Typen E 173, E 174, E 175, E176 und E 177 sind Modifikationen des Ursprungstyps mit verschiedenen Variationen bei der Anbringung des Kornbunkers, seiner Entleerung und der Spreubergung. Ab E 173 kam das 3-Meter-Schneidwerk zum Einsatz.

Hersteller:	Mähdrescherwerk Weimar
1. Baujahr / Bauzeit:	1953 / 1968
Schneidwerksbreite (mm):	4000
Motorenhersteller:	Sachsenring, Zwickau
Motorenbezeichnung:	EM4-15-5
Motorenleistung (PS/kW):	54/39,7
Fahrantrieb:	Keilriemen, mech. Schaltgetriebe, 2 Gruppen, 4v/1r
Geschwindigk. (km/h):	1,5 bis 14,5
Dreschwerk (mm):	Kanalbreite 865; Trommeldurchmesser 550
Korbfläche (qm):	0,50
Anzahl der Schüttler:	4
Schüttlerfläche (qm):	2,35
Reinigung:	Siebe
Masse mit Schneidwerk (kg):	5000
L x B x H, Arbeitsstellung (mm):	7000 x 4300 x 3600
Bereifung:	Triebachse 11,25- 24 AS, Lenkachse 6,00-16
Bunkerinhalt (cbm):	1,7, Entleerung durch Rutsche

Die Konstruktion der E 170-Reihe ist auf den sowjetischen Mähdrescher S4 zurückzuführen, der 1952 erstmals auf den Feldern der DDR zum Einsatz kam. Es wurde eine Lizenzproduktion aufgenommen. Der anfänglichen Baugleichheit folgte sehr bald eine Anpassung an die Landwirtschaftsbedingungen der DDR. Das betraf insbesondere die Stroh- und Spreubergung. 1962 wurde die Mähdrescherproduktion von Weimar nach Neustadt/Sachsen verlagert. In Weimar wurden 6562 Maschinen gebaut.

Mähdrescher E 173 (3-Meter-Schneidwerk), einfacher Lattenhaspel und Spreusammelwagen.

Oben: Mähdrescher S4 in Originalausführung mit dem gleichen Benzinmotor, der auch im LKW SIS 150 Anwendung fand, mit Spreu- und Strohsammelwagen.

F
LAND- FORST- BAU- U. GARTENTECHNIK
FRANK
MUNZERT
07356 LOBENSTEIN TEL. 036651 3204

Auf dem VIII. Deutschen Bauernkongress im Februar 1964 wurde von Fortschritt Neustadt / Werk Singwitz der Mähdrescher E 510 als Neuentwicklung vorgestellt. In den Planungsunterlagen für die Landwirtschaft wurde die Weiterentwicklung des E 175 »als wesentlicher Fortschritt in Angleichung an das Weltniveau« angepriesen. Es war aber keine Neuentwicklung, da die Leistungsdaten wie auch das Gesamtkonzept nicht über das Niveau des E 175 hinauskamen. Gestützt auf eine entsprechende Prüfung erfolgte denn auch die Einstellung der Entwicklung.
Schon 1958 war das Weimar-Werk mit einer Neuentwicklung mit fünf Maschinen zu einer Praxiserprobung angetreten. Die Typenbezeichnung war E 540. Hier waren tatsächlich neue Konstruktionselemente enthalten, die sich dann im Wesentlichen im E 512 wiederfanden. Erhebliche Mängel, wie sie z. B. an der hydraulischen Lenkung noch auftraten, wären lösbar gewesen. Wahrscheinlich im Zusammenhang mit der Verlagerung der Mähdrescherproduktion nach Neustadt/Sachsen (Singwitz) wurden die weiteren Entwicklungsarbeiten in Weimar eingestellt. Weshalb dann in Sachsen diese Konstruktion nicht weiter verfolgt und mit dem E 510 eine Scheinneuentwicklung vorgestellt wurde, dürfte wohl für immer das Geheimnis der seinerzeitigen Entscheidungsträger bleiben.

Restaurierter E 175 mit Spreubergung in Säcken. Das Stroh wurde hinter der Maschine im Schwad abgelegt. Die Haspel ist eine Exzenterzinkenhaspel, die sich besonders bei Lagergetreide bewährte.

Mähdrescher E 512

Der Mähdrescher E 512 löste die 170-Baureihe ab. Vormuster mit der Bezeichnung E 510 waren schon in der Ernte 1958 in kleinen Stückzahlen im Einsatz. Drehzahlvariatoren für Fahrwerksantrieb und Dreschtrommelantrieb waren wesentliche neue Elemente, die im Zusammenhang mit der größeren Dreschwerksbreite und vergrößerter Siebfläche einen optimalen Einsatz mit geringen Dreschverlusten ergaben. Die Mähdrescher E 512 und E 516 wurden 1988 von den Mähdreschern E 514 und E 517 abgelöst.

Hersteller:	Kombinat Forschritt Neustadt/Sachsen
1. Baujahr / Bauzeit:	1968 / 1988
Schneidwerks-breite (mm):	4200 und 5700 (14 Fuß/19 Fuß)
Motorenhersteller:	Motorenwerk Nordhausen
Motorenbezeichnung:	4 VD 14,5/12-1 SRW
Leistung (PS/kW):	105/77
Fahrantrieb:	mech. Dreiganggetriebe mit Variator
Geschwindigk. (km/h):	1,4 bis 20,0
Dreschwerk (mm):	Kanalbreite 1300; Trommeldurchm. 550
Korbfläche (qm):	keine Angaben
Anzahl der Schüttler:	4
Schüttlerfläche (qm):	5,2
Reinigung:	Siebe
Masse mit Schneidwerk (kg):	7170 (4,2 m)
L x B x H (mm):	Arbeitsstellung 6762 x 4684 (4,2 m) x 3600, Transportstellung 12470 (4,2 m) x 2893 x 3834
Bereifung:	Triebachse 15-30 AS, Lenkachse 10-15 AM
Bunkerinhalt (cbm):	2,3, Entleerung durch Schnecke

Rechts: Der Mähdrescher E 516 wurde Ende 1977 in die Serienproduktion übernommen. Er ist eine Weiterentwicklung des E 512 mit Neuheiten bei Fahrantrieb, Schneidwerksgestaltung, Dreschwerksausbildung, Ergonomie und BMSR-Technik. Mit einer Dreschkanalbreite von 1625 mm wurde der Grenzwert in Bezug auf die zulässigen äußeren Abmessungen der Maschine voll ausgeschöpft. Der Trommeldurchmesser wurde auf 800 mm erhöht. Es kamen Schneidwerke mit 7162 mm (22 Fuß) und 8076 mm (25 Fuß) Breite zum Einsatz. Der hydrostatische Einzelantrieb ließ stufenlose Geschwindigkeiten vorwärts von 0 bis 20,0 km/h und rückwärts von 0 bis 7,0 km/h zu. Mit einer Masse von 9700 kg wurde ein beachtliches Gewicht erreicht. Für den Antrieb sorgte ein Dieselmotor vom Dieselmotorenwerk Schönebeck mit der Bezeichnung 8 VD 14,5/12-1 SVW mit einer Leistung von 220 PS (162 kW).

Links: Mähdrescher E 512 im Verbandseinsatz. So wurden die Vorzüge der Großraumwirtschaft und die Überlegenheit der LPG gegenüber dem kleinbäuerlichen Betrieb demonstriert.

Unten: E 512 in Arbeitstellung mit ausgestellter Kornentleerungsschnecke.

Oben: Der Mähdrescher E 514 stand für die Leistungsklasse 1 bei mittleren Erträgen von 3,5 bis 4,5 t/ha zur Verfügung. Gegenüber den Vorgängern E 512 und E 516 brachte er Verbesserungen im Bedienkomfort, eine höhere Anzahl von Adaptern und Zusatzeinrichtungen für die bessere Anpassung an unterschiedliche Druschfrüchte und Erntebedingungen sowie den Einsatz eines elektronischen Bordcomputers zur günstigeren Auslastung des Leistungspotentials. In seinen Hauptmaßen entsprach er dem E 512. Der Fahrwerksantrieb war ebenso wie bei diesem ein Schaltgetriebe mit Keilriemenvariator. Als Antrieb diente ein Motor vom Motorenwerk Nordhausen mit der Bezeichnung 4 VD 14,5/12-1 SRW mit 115 PS (85 kW). Vier verschiedene Schneidwerke mit den Breiten 3,6 m, 4,2 m, 4,8 m und 5,7 m wurden angeboten. Die Markteinführung war etwa 1982.

Mit dem Mähdrescher E 524, seine Markteinführung erfolgte 1988, kam eine neue Mähdreschergeneration zum Einsatz. Für den Antrieb wurde der Dieselmotor 6 VD 13,5/12 SRF vom Motorenwerk Nordhausen eingebaut. Er hatte eine Dauerleistung von 152 PS (112 kW). Mit dem Bordcomputer konnten alle die Informationen abgerufen werden, die für eine verlustarme Ernte benötigt wurden. Zugleich ließen sich betriebswirtschaftliche Daten erfassen. Über die produzierten Stückzahlen im Bereich des Kombinates Fortschritt Neustadt/Sachsen stehen allerdings keine verlässlichen Zahlen zur Verfügung.

Der Mähdrescher E 517 ist die modernisierte Modifikation des E 516. Gegenüber seinem Vorgänger wies er im Prinzip die gleichen Veränderungen auf, wie sie schon beim E 514 vorgenommen worden waren. Er entsprach der Leistungsklasse 2 für Erträge zwischen 4,5 und 6,0 t/ha. Er wurde vom Motor 8 VD 14,5/12-1 SVW angetrieben.

Parzellenmähdrescher EP 500 »Hamster«

Der Parzellenmähdrescher EP 500 »Hamster« arbeitete nach dem T-Fluss-Längsstromprinzip. Mit ihm war die Ernte aller mähdruschfähigen Kulturen einschließlich Gemüse und Grassamen auf parzellierten Flächen bis zu einem Hektar möglich. Er war in Schicht- und Falllinie bis zu 7 % einsetzbar. Er konnte zum Hocken- und Standdrusch verwendet werden. In der Bedienungsanleitung wurde vor elektrostatischen Aufladungen gewarnt, die durch die Reibung von Fördergut im pneumatischen Fördersystem entstehen konnten. Gebaut wurden etwa 50 Stück.

Hersteller:	Zucht- und Versuchsfeldmechanisierung Nordhausen
1. Baujahr / Bauzeit:	ab 1985
Schneidwerksbreite:	1600 und 2000 mm
Motorenhersteller:	Motorenwerk Cunewalde
Motorenbezeichnung:	4 VD 8.8/9 SRF
Leistung (PS/kW):	46/34
Fahrantrieb:	hydrostatisch mit zweistufigem Schaltgetriebe
Geschwindigk. (km/h):	0 bis 8,0 / 0 bis 20,0
Dreschwerk (mm):	Kanalbreite 700, Trommeldurchmesser 600
Anzahl der Schüttler:	4
Schüttlerfläche (qm):	1,95
Reinigung:	Siebe
Gewicht (kg):	4300 (mit 2-Meter-Schneidwerk)
L x B x H (mm):	Arbeitsstellung 6550 x 3710 x 3350 (mit 2-Meter-Schneidwerk)
Bereifung:	Triebachse 11,25-24 AS, Lenkachse 6,00-16
Bunkerinhalt (cbm):	1,3, Entleerung durch Schnecke

500

Feldhäcksler E 281

Der in Neustadt/Sachsen entwickelte Feldhäcksler wurde ab 1972 im Traktorenwerk Schönebeck auf einer Wechselfließreihe gemeinsam mit den Traktoren der ZT-Baureihe gefertigt. Die Grundmaschine und die dazugehörigen Adapter wurden während der Fertigungsperiode laufend weiterentwickelt (z. B. E 282, E 286).

Mit den Ausrüstungsvarianten konnten folgende Produktionsverfahren durchgeführt werden:

- Frischfuttergewinnung zur Fütterung
- Frischfuttergewinnung zur Silierung

Hersteller:	Kombinat Fortschritt Neustadt/Sachsen, Betrieb Traktorenwerk Schönebeck
1. Baujahr / Bauzeit:	1972, in Weiterentwicklung bis 1989
Motorenhersteller:	Dieselmotorenwerk Schönebeck
Motorenbezeichnung:	6 VD 14,5/12-2 SRW
Leistung (PS/kW):	170/125
Fahrantrieb:	Stirnradschaltgetriebe, 3v/1r, mit Keilriemenvariator
Geschwindigk. (km/h):	1. Gang 1,5 bis 3,8; 2. Gang 3,5 bis 8,7; 3. Gang 8,6 bis 21,5; Rückwärtsgang 3,6 bis 9,0
Bereifung:	Triebachse 16-20, Lenkachse 10-15 AM
Radstand (mm):	2595
Spur (mm):	Triebachse 2255, Lenkachse 1085
L x B x H (mm):	Grundmaschine 4840 x 2700 x 3950
Masse (kg):	Grundmaschine 5260
Häckseltrommel (Ø mm):	800, Breite 600

- Welkgutgewinnung zur Silierung
- Halbheugewinnung
- Frisch- oder Welkgutgewinnung für die Heißlufttrocknung
- Strohbergung im Häckselverfahren

Eine Abstimmung auf die Schwadbreiten der Erntemaschinen E 301 und Varianten und auf die Mähdrescher war gegeben.

Bild und technische Angaben entsprechen dem Stand von etwa 1980.
Gebaut wurden zirka 90 000 Feldhäcksler, von denen viele in den Export gingen, vor allem in die SU.
Mit einigen Veränderungen wurde auch nach 1990 die Feldhäckslerproduktion in Schönebeck fortgeführt.

Schwadmäher E 301

Die angegebenen Technischen Daten und das Bild entsprechen in etwa dem Stand von 1980. Während der Produktionszeit erfolgten diverse technische Veränderungen. Anfang der 80er-Jahre wurde der Motor D 50 durch den Motor D 242 (ebenfalls vom Minsker Motorenwerk) mit einer Leistung von 60 PS ersetzt. Der Schwadmäher erhielt damit die Bezeichnung E 302. Mit dem E 303 ergaben sich u. a. Veränderungen bei der Triebradbereifung auf 18-20, eine Vergrößerung des Radstandes sowie

Hersteller:	Kombinat Fortschritt Neustadt/Sachsen
Motorenhersteller:	Minsker Motorenwerk
Motorenbezeichnung:	D 50
Leistung (PS/kW):	55/40
Fahrantrieb:	Fahrvariator mit Schnellwendegetriebe, 2 Gangstufen
Geschwindigk. (km/h):	Gangstufe 1: 3,4 bis 8,6; Gangstufe 2: 8,5 bis 21,4; Rückwärtsgang: 4,8
Bereifung:	Triebachse 16-20, Lenkachse 10-15 AM
Radstand (mm):	2400
Spur (mm):	Triebachse 2770, Lenkachse 2410
L x B x H (mm):	Grundmaschine 3960 x 3200 x 3750
Masse (kg):	Grundmaschine 3565

Der Schwadmäher E 303 mit Gleisbandfahrwerk SGB war eine Spezialausführung für den Einsatz auf wenig tragfähigen Flächen (z. B. im Spreewald). Die Erprobung erfolgte ab 1987. Das Gleisbandfahrwerk SGB wurde vom Kreisbetrieb für Landtechnik Lübben gefertigt und konnte an die dafür vorbereitete Grundmaschine E 307/17 angebaut werden.

Schwadmäher E 301 mit Feldfutterschneidwerk E 023.

eine Senkung der Gesamtmaschinenmasse um 300 kg.
Die Schwadmäher der E-300-Reihe waren selbstfahrende Erntemaschinen zum Mähen und Aufbereiten von Gras und Feldfutterpflanzen (außer Sonnenblumen und Mais).

Zwischen den Maschinentypen Mähdrescher, Feldhäcksler und Schwadmäher wurde ein hoher Grad der Wiederverwendung von Bauteilen und Baugruppen angestrebt. Am augenscheinlichsten ist in dieser Hinsicht der Einsatz der Kabine.

Für die ortsbewegliche, selbstfahrende Umschlagtechnik wurde im allgemeinen Sprachgebrauch der Begriff »Lader«, in der Frühzeit ihres Einsatzes im Hinblick auf das Haupteinsatzgebiet verstärkt auch »Mistlader« angewandt.
Die Landwirtschaft ist ein Transportgewerbe wider Willen, weil jährlich große Mengen Massenprodukte bewegt werden müssen. Die Einführung selbstfahrender und damit gut zu disponierender Ladetechnik mit einem universellen Ausrüstungsarsenal fand daher raschen Eingang in die Landwirtschaft und ihre Nebenzweige.

Lader T 155

Der T 155 kam aus dem VEB Landmaschinenbau »Rotes Banner«, Döbeln. Dieser Betrieb entstand 1946 durch den sächsischen Volksentscheid aus der Firma Franz Richter und firmierte anfänglich unter der Regie der VVB LBH (Vereinigung volkseigener Betriebe Landmaschinen, Bau- und Holzmaschinen) unter dem Namen »Landmaschinen- und Dämpferbau«. Ab 1954 erfolgte eine Profilierung ausschließlich auf Landmaschinen (z.B. Kartoffelschleuderrad-Roder). Zu Beginn des Jahres 1970

»Der letzte seines Stammes«, so könnte man die traurigen Überreste dieses T 155 bezeichnen. Bei dem zusätzlichen Heckanbau könnte es sich ebenso gut um einen Elektromotor wie um ein Generator handeln. Im Falle eines E-Motors könnte man vermuten, dass über die Zapfwelle die für den Hydraulikbetrieb notwendige Hydraulikpumpe angetrieben wurde, um im Standbetrieb den für den Verbrennungsmotor notwendigen Kraftstoff einzusparen. Aber das ist wirklich nur eine Vermutung!

wurde der Betrieb dem VEB Weimar-Kombinat zugeordnet und nach dessen Auflösung dem Kombinat Fortschritt Neustadt/Sa. und hier als Teilbetrieb dem Leitbetrieb VEB BBG (Volkseigener Betrieb Bodenbearbeitungsgeräte) Leipzig angeschlossen.
Die Laderfertigung begann in Döbeln 1957 und endete 1972. Die Einstellung dieser Produktion war bedingt durch die Übernahme der Fertigung von Komponenten für das RGW-Projekt »Rübenrodelader KS-6«. (RGW = Rat für gegenseitige Wirtschaftshilfe, zwischenstaatliche Organisation im seinerzeitigen Ostblock.)
Nach vorliegenden Angaben wurden in der Zeit de Laderproduktion 18 872 Maschinen hergestellt. Die erste Konstruktion von 1957 (es gibt auch Angaben mit der Jahreszahl 1956) trug die Typenbezeichnung T 155. Zu ihr gibt es leider keine ausführlichen technischen Beschreibungen mehr. Zeitgenössische Bilder lassen erkennen, dass die Triebachse des Geräteträgers RS 08/15 als Antriebsquelle Verwendung fand.

Oben: T 155 in einer wahrscheinlich ursprünglichen Ausführung.

Unten: T 155 in nur hydraulischer Ausführung. Bezeichnend für den Einsatz in der Bauwirtschaft ist bei allen drei Bildern die Ablagefläche vor der Vorderachse, die beim kurzzeitigen Transport von Lastgut genutzt wurde. Beim späteren landwirtschaftlichen Einsatz war sie hinderlich.

Lader T 157 und T 157-1

Hersteller:	VEB Landmaschinenbau »Rotes Banner« Döbeln
Motorentyp:	2 KVD 9 SVL
Motorleistung:	16 PS (18 PS)
Motorenhersteller:	VEB Dieselmotorenwerk Schönebeck
Schwenkbereich:	210°
max. Grabtiefe:	1100 mm
max. Greifweite:	3000 mm
Gesamtlänge (Transport):	5400 mm
Gesamthöhe (Transport):	3300 mm
Gesamtbreite (Transport):	2080 mm
Gesamtmasse (Transport):	4200 kg
Fahrgeschw.:	0,6 bis 15 km/h

Als der Geräteträger RS 08/15 mit Benzinmotor vom RS 09 mit Dieselmotor abgelöst wurde, wurde diese Triebachse auch in den Döbelner Lader eingebaut. Das durch die Entwicklungsarbeiten am T 155 herausgebildete Grundkonzept blieb dabei erhalten. Die beim T 157 vorhandene breite Auslage der Abstützungen war für den Einsatz in der Landwirtschaft (enge Höfe, Tiefstalleinsatz) ungeeignet. Beim T 157-1 (Landwirtschaftsausführung) wurde sie deshalb eng an den Rahmen herangezogen. In der Praxis wurde für alle T-157-Ausführungen der eingeschränkte Schwenkbereich bemängelt.
Als Arbeitsgeräte standen zur Verfügung: hydraulischer Grabegreifer, hydraulischer Zinkengreifer, hydraulischer Mehrschalengreifer, mechanische Mast- und Blockzange, Erdlochbohrer. Holzgreifer, Greiferverlängerung.

T 157-1, landwirtschaftliche Ausführung mit eng an das Fahrzeug herangeführten seitlichen Abstützungen.

T 157, Variante »sonstige Industriezweige«, mit der relativ seltenen Ausführung des geschlossenen Fahrerhauses. Gut erkennbar die breite Auslage der Abstützungen.

Lader T 157-2

Der Lader T 157-2 ist die konstruktive Weiterentwicklung der Lader T 157 und T 157-1, die bei Beibehaltung des Antriebskonzeptes bessere Sichtverhältnisse und eine wesentliche Gewichtseinsparung brachte. Als Behälter für das Hydrauliköl, beim T 157 und T157-1 war es die Vorderachstraverse, wurde der als Kastenträger in Schweißkonstruktion ausgeführte Rahmen genutzt.
Als beachtlich muss auch die Preisentwicklung herausgestellt werden: T 157 und T 157-1 36.000, T 157-2 26.400 Mark. Im Zusammenhang mit dem Anlaufen der Serienproduktion des T 157-2 im 2. Quartal 1963 wurde die Fertigung des T 157 bereits 1962 und die des T 157-1 im 1.Quartal 1963 eingestellt. Wenn auch die Bilder keinen Fahrerschutz zeigen, so konnte doch für alle Typen auch ein leichtes Wetterdach geliefert werden. Besonders der T 157-2 wurde wegen seiner »Zierlichkeit« umgangssprachlich auch als »Erdbeerpflücker« bezeichnet. Als Arbeitsgeräte kamen weiterhin die schon bei T 157 und T 157-1 genannten Ausrüstungen zum Einsatz.

Hersteller:	VEB Landmaschinenbau »Rotes Banner« Döbeln
Motorentyp:	2 KVD 9 SVL (siehe Anmerkung)
Motorleistung:	18 PS
Motorenhersteller:	VEB Dieselmotorenwerk Schönebeck, nach erfolgter Umlagerung VEB Motorenwerk Cunewalde für die Restproduktion und den Ersatzteilbedarf
Schwenkbereich:	230°
Gesamtlänge (Transport):	5000 mm
Gesamthöhe (Transport):	2800 mm
Gesamtbreite (Transport):	2000 mm
Gesamtmasse (einschließlich Zinkengreifer):	3870 kg
Fahrgeschw.:	0,6 bis 15 km/h

Anmerkungen: Bei Oldtimerausstellungen tauchen auch Lader T 157-2 mit dem Cunewalder Motor 4 KVD 8 SVL bzw. 4 VD 8/8 SVL auf, die beim GT 124 Verwendung fanden. In diesen Fällen dürfte es sich um individuelle Umrüstungen durch den Betreiber/Besitzer handeln.

T 157-2 mit Schalengreifer.

Lader T 159 - MDK 16

Die Entwicklung dieses Laders erfolgte 1968/1969 zur Ablösung der in der Leistung zu schwachen Baureihe T 157. Gleichzeitig erfolgte damit auch die Einführung der in der landtechnischen Praxis wenig verwendeten Bezeichnung »MDK« = Mobildrehkran.
Wenn auch durch die höhere Motorleistung die Arbeitsleistungen und damit die Wirtschaftlichkeit der Maschine beträchtlich gesteigert wurde, blieb ein wesentlicher Nachteil der Vorgängerkonstruktion erhalten, nämlich der eingeschränkte Drehkreis. Mit Anlauf der Fertigungsaufgaben für den Rübenrodelader KS-6 wurde

T 159 mit typischer Farbgebung beim Dungladen.

die Laderproduktion in Döbeln eingestellt. Die Fertigung wurde nach Rumänien verlagert. Mit annähernd gleichem Aussehen wurde von dort der Lader TIH 445 in die DDR eingeführt.
Der T 159 war nicht nur eine einfache Weiterentwicklung der Baureihe T 157. Er hatte einen vollständig anderen konstruktiven Aufbau. Aus Standardisierungs- und Instandhaltungsgründen wurden vom LKW W 50 Baugruppen wie Vorder- und Hinterachse sowie Lenkung mit hydraulischer Lenkkraftverstärkung übernommen. Eine wesentliche Neuerung war auch die geschlossen Ausführung des Bedienstandes.

Hersteller:	VEB Landmaschinenbau »Rotes Banner« Döbeln
Motorentyp:	2 VD 14,5/12-0 SRL
Motorleistung:	34,5 PS
Motorenhersteller:	VEB Dieselmotorenwerk Schönebeck
Traglast;	0,6 bis 1,8 t
Schwenkbereich:	240°
Länge:	5300 mm
Breite:	2270 mm
Höhe am Ausleger:	3600 mm
Höhe der Kabine:	2620 mm
Eigenmasse mit Haken:	4950 kg
Fahrgeschw.:	3,6 bis 22 km/h
Anmerkungen:	Viergang-Schaltgetriebe mit Rückwärtsgang, Typ AGN-14

Der Nachfolger TIH 445 aus Rumänien.

Lader T 170

In der »Viehzone« der »Ständigen Deutschen Landwirtschaftsausstellung in Markkleeberg« wurde 1956 ein selbstfahrendes Ladegerät vorgestellt, mit dem Dungkübel, die den Dung von einer Schubstangenentmistungsanlage aufnahmen, auf die Dungplatte entleert werden konnten. Es wurde dazu weiter geschrieben: »Mit dem gleichen Gerät kann man auch die Ackerwagen (!) mit Dung beladen, wenn man es mit einem Greifer ausrüstet«.
In der dazugehörigen Darstellung in einer Zeitschrift wurde dieses Gerät in einer Bildunterschrift als »selbstfahrendes Gerät für Stallmist« vorgestellt. Dieses Stallmistladegerät entwickelte sich bald zu einem unverzichtbaren Helfer der Bauern beim Umschlag von Massengütern und fand sehr schnell auch Anwendung in allen anderen Industriezweigen, die ortsveränderlich Schüttgüter und bei entsprechender Werkzeugausrüstung auch anderes Umschlaggut zu bewegen hatten. Mit einem 50 m langen Seil konnten sogar Loren herangezogen werden. Dieses Universalgerät war der Lader T 170, der ab 1957 im seinerzeitigen Mähdrescherwerk Weimar in die Serienproduktion ging.
Der technische Aufbau des Windenteiles und

Hersteller:	VEB Mähdrescherwerk Weimar
Motorentyp:	1 NVD 14 SRW
Motorleistung:	10 PS
Motorenhersteller:	VEB Elbewerk Rosslau
Schwenkbereich:	360°, fortlaufend
Hubhöhe bei Greiferbetrieb:	4300 mm
Hubhöhe bei Lasthakenbetrieb:	6100 mm
Auslastung bei voller Nutzlast:	von 2000 bis 5170 mm
Gesamtbreite:	2350 mm
Gesamthöhe (Transport):	3000 mm
Gesamtlänge (Transport):	9000 mm
Eigenmasse:	4000 kg

Der T 170 bei seiner ihm ursprünglich zugedachten Aufgabe.

der Greifereinrichtung entsprach dem Einseilprinzip. Windenwerk, Motor und entsprechende Getriebe waren einschließlich der Fahrerkabine in einem Aufbau untergebracht, der sich drehbar auf einem Vierradfahrgestell befand. Wegen der geringen Eigenfahrgeschwindigkeit von 3,5 km/h konnte die Maschine im Schleppbetrieb als Anhängegerät (gekuppelt über eine Schleppstange, die gleichzeitig die Lenkfunktion übernahm) mit bis zu 20 km/h transportiert werden.

Bis zur Ergänzung der akustischen Warneinrichtung durch eine automatisch wirkende Ausrückeinrichtung kam es öfters zum Überziehen des Auslegers und zu Unfällen.

Der Preis des Laders betrug 20.000 Mark.

Lader T 172

Der Lader T 170 half, die Mistgabel zu verdrängen (wenn er sie auch nicht in allen Fällen ersetzen konnte), und war zu einem universellen Ladegerät geworden. Die ständig steigenden Produktionsaufgaben in allen Wirtschaftszweigen stellten hohe Anforderungen an die Transport- und Fördergeräte. Mit dem T 172 wurde dieser Forderung genüge getan. Dem kam entgegen, dass sich auch auf dem Gebiet der Hydraulik in der DDR Verbesserungen ergaben. Der T 172 wurde ab 4. Quartal 1961 serienmäßig hergestellt. Bei seiner Konstruktion wurde Wert darauf gelegt, dass die einzelnen verbesserten Getriebe ebenfalls mit in den T 170 eingebaut werden konnten.

Hersteller:	VEB Mähdrescher Werk Weimar
Motorentyp:	2 NVD 12,5 SRL (GD II)
Motorleistung:	17 PS
Motorenhersteller:	VEB Robur-Werk Zittau
Schwenkbereich:	360°, fortlaufend
Größte Nutzlast bis 5 m Ausladung im Einseilgreiferbetrieb:	700 kg
im Lasthakenbetrieb:	1000 kg
Ausladung:	zwischen 2000 mm und 5000 mm
Größte Hubhöhe bis Unterkante Greifer:	4300 mm
bei Hakenbetrieb:	6100 mm
Gesamtbreite:	2730 mm
Gesamthöhe (Transport):	3250 mm
Gesamtlänge (Transport):	9350 mm
Eigenmasse:	5540 kg

Anmerkungen:

Als Zusatzeinrichtung konnte eine Seilwinde mit 1000 kp Zugkraft sowie eine elektrische Ausrüstung mit 3,5-kW-Generator für einen Motorgreifer bzw. Lasthebemagnet mitgeliefert werden. Diese elektrische Anlage war auch als Notstromaggregat einsetzbar.

T 172 mit hydraulisch betätigtem Ausleger und Einseilprinzip.

Der in Blechschalenbauweise gefertigte Ausleger gab dem Lader eine markante Form. Seine geschraubte Mehrteiligkeit bot die Möglichkeit, wahlweise Verlängerungsstücke einzufügen. Die hydraulische Bewegung des Auslegers gestatte eine Zweihandbedienung, sodass Ausleger und Windenwerk gleichzeitig bedient werden konnten, eine wesentliche Verbesserung gegenüber dem T 170.

Die maximale Umsetzungsgeschwindigkeit im Eigenbetrieb wurde auf 10 km/h erhöht. Dafür sorgte ein reversierbares Zweiganggetriebe. Die Schleppgeschwindigkeit lag bei 20 km/h mit gleichen Bedingungen wie beim T 170. Suchscheinwerfer und eine der StVZO entsprechende Beleuchtungsanlage erhöhten den Gebrauchswert. Der Preis des Laders betrug 25.000 Mark.

Laderfamilie T 174

Mit der Einführung der Laderfamilie T 174 wurde in Weimar ein neues Kapitel der Ladertechnik eingeleitet. Die vollhydraulische Betätigung des Ladewerkes (Drehwerk und Fahrwerk wurden weiterhin mechanisch betrieben) ermöglichte nunmehr auch den Einsatz als Bagger. Die Einführung des T 174 begann 1965.
Laufende konstruktive Veränderungen führten zu den Typenbezeichnungen T 174-1, T 174-2 bzw. T 174-2A. Das Grundgerät (Unterwagen mit Radlaufwerk und Oberwagen mit Antriebs- und Bedienelementen und dem Auslegeranschlussstück) konnte wahlweise für mechanischen Seilzugbetrieb (Ausführungsart nicht weiter bekannt geworden), hydraulischen Greifer- oder hydraulischen Baggerbetrieb ausgerüstet werden.
Eine große Palette von Arbeitswerkzeugen gestattete es, dass vielfältige Verlade- und Baggerarbeiten in der Landwirtschaft, im Bauwesen und anderen Industriezweigen bewältigt werden konnten. Selbstsperrender hydraulischer Pendelausgleich der Vorderachse sowie wahlweise Allradantrieb und Differentialsperre und die hohe Eigenfahrgeschwindigkeit von 18 km/h erhöhten die Wirtschaftlichkeit erheblich. Im Schleppbetrieb (max. 20 km/h) wurde die hydraulische Lenkung beim Einhängen der Schleppstange automatisch entriegelt.
Die Weiterentwicklung zum T 174-1 beinhaltete Maßnahmen zur Materialökonomie und Detailverbesserungen zur Erhöhung der Zuver-

Links: T 174 in der ersten Ausführung.

Rechts: T 174-1 mit Tiefbagger-ausrüstung.

lässigkeit und Anpassung von neuen bzw. veränderten Zulieferelementen.
Die wesentliche Veränderung zum T 174-2 (ab 1972/73) mit Serieneinführung ab 1974 war die Überarbeitung des Unterwagens mit Anbringung einer hydraulischen Abstützung. Damit konnte die Tragfähigkeit am Lasthaken auf 2,5 t gesteigert und der Baggerbetrieb stabiler gestaltet werden.
Der T 174-2A erhielt eine Tragkraftanzeige zur Überwachung der Standsicherheit und brachte eine Verbesserung der Arbeitsbedingungen durch eine lärmdämmende Kabinenauskleidung.
Mit einer Zusatzzahl zur Typenbezeichnung wurde der bei Auslieferung der Maschinen (vom Nutzer entsprechend seiner späteren Verwendung vorgewählt) vorhandene Rüstzustand dokumentiert.

Hersteller:	VEB Weimar Werk
Motor:	2 VD 14,5/12-1 SRL
Motorleistung:	34,5 PS
Motorenhersteller:	VEB Dieselmotorenwerk Schönebeck
Getriebe:	mechanisches Vierganggetriebe mit Rückwärtsgang
Schwenkbereich:	360°, fortlaufend
Abmessungen im Straßentransport	
Länge:	6800 mm (Grundgerät: 4150 mm)
Höhe:	3600 mm (Grundgerät: 2800 mm)
Breite:	2500 mm
Masse Grundgerät mit Abstützung:	8500 kg

Oben rechts: T 174-1 mit hochgesetzter Kabine zur Waggonentladung.
Oben links: : T 174-1 mit Hochbagger-ausrüstung.
Unten: T 174-2 mit hydraulischer Abstützung.

T 185

Der T 185 war eine Zwischenstufe hin zur Produktion von leistungsstarken Ladern und Baggern in Weimar. Mit einer ausgelieferten Stückzahl von etwa 60 Maschinen war es eigentlich nur eine erweiterte Versuchsserie. Die Herstellerangabe müsste korrekt lauten: VEB Kombinat Fortschritt Landmaschinen Neustadt in Sachsen, Leitbetrieb Weimar-Werk. Das Grundkonzept lehnt sich an die Vorgängergenerationen an, d.h. der T 185 war eine selbstfahrende Arbeitsmaschine mit einem in Schweißkonstruktion aus Blechprofilen ausgeführten Unterwagen, in dem Elemente der Lenkungs- und Bremsanlage sowie die Getriebegruppe untergebracht waren.
Im Oberwagen, einer aus Blechen und U-Profilen bestehenden Schweißkonstruktion, befanden sich Antriebsaggregat, Hydraulik- und Druckluftanlage, Batterien, Tank. Zusatzmassen und Fahrerkabine. Über einen Kugeldrehkranz war der Oberwagen mit dem Unterwagen drehbar verbunden. Das Grundgerät gestattete den wahlweisen Anbau von Einrichtungen für den hydraulisch betriebenen Kran-, Greifer- bzw. Baggereinsatz.
In der Prüfung erhielt der T 185 das Prädikat »gut geeignet für den Einsatz in der Landwirtschaft«. Beanstandet wurden aber der hohe Gesamtaufwand für Wartung und Pflege und der teilweise komplizierte Austausch von Baugruppen.

Hersteller:	VEB Weimar-Werk
Motorentyp:	Zetor 6901
Motorleistung:	58 PS/43 kW
Motorenhersteller:	ZBROJOVKA Brno
Schwenkbereich:	360°, fortlaufend
max. Tragkraft:	2,5 t
max. Hakenhöhe:	7300 mm
max. Reichweite:	7050 mm
max. Hakentiefe:	3560 mm
Breite:	2500 mm
Höhe:	3750 mm
Länge:	6930 mm
Masse mit Lasthaken:	9990 kg
Masse mit Greifer;	10510 kg
max. Fahrgeschwindigkeit:	19,2 km/h

Anmerkung:
Zu Beginn der Konstruktionsarbeiten war der Motor D 240 (80 PS) bzw. D 242 (gedrosselte Ausführung des D 240 mit 60 PS) des Minsker Motorenwerkes für den Einbau vorgesehen.

T 185 auf der Leipziger Messe 1979.

T 188

Mit dem T 188 wurde der letzte unter volkseigenen Bedingungen geschaffene Lader einer insgesamt erfolgreichen Laderproduktion in Weimar in das Fertigungsprogramm übernommen. Die Überleitung in die Serienproduktion erfolgte ab 1988.
Der T 188 war die Weiterentwicklung des T 185. Das darin enthaltene Konzept wurde beibehalten und durch eine zweite Abstützung und ein Schiebeschild ergänzt. Damit ergab sich wahlweise eine 2-Punkt-Abstüzung, gegebenenfalls ergänzt durch das Schiebeschild, und oder eine 4-Punkt-Abstützung. Gerätesteuerung und Fahrantrieb waren vollhydraulisch ausgelegt. Die Hydraulik hatte eine Logiksteuerung mit Summenleistungsreglung für einen maximalen Wirkungsgrad bei geringstem Energieverbrauch. Die Tragfähigkeit wurde auf 3,6 t gesteigert. Für den universellen Einsatz standen 29 Arbeitswerkzeuge zur Verfügung. Großer Wert wurde auf die ergonomische Ausstattung der Fahrerkabine hinsichtlich der Bedienelemente, der Heizung, Klimatisierung und Geräuschminderung sowie Verbesserung der Sichtverhältnisse gelegt.
Der eingebaute Motor des Lkws W 50 wurde auf 68 PS (50 kW) bei 1500 U/min gedrosselt.

Oben: T 188 mit hoch gesetzter Kabine zur Waggonentladung.

Links: T 188 bei der Grabenberäumung.

Hersteller:	VEB Weimar-Werk
Motor:	4 VD 14,5/12-1 SRW
Motorleistung:	68 PS (50 kW) bei 1500 U/min.
Motorenhersteller:	VEB IFA Motorenwerk Nordhausen
Schwenkbereich:	360°, fortlaufend
Länge (Transport):	6800 mm
Breite (Transport):	2500 mm
Höhe (TRansport):	3500 mm
Masse der Grundmaschine je nach Ausrüstung:	10.800 bis 11.500 kg
max. Tragfähigk. mit Lasthaken:	3.6 t
mit Greifer:	1,7 t
max. Fahrgeschwindigkeit:	20,0 km/h

Helden der Arbeit

Frank Rönicke, **Verdiente Aktivisten**
Üppig bebildert liefert dieser Band einen kompletten Überblick über das, was im Arbeiter- und Bauernstaat die Felder bestellte.
192 Seiten, 257 Bilder, davon 132 in Farbe
Bestell-Nr. 87233 € 26,–

Frank Rönicke/Wolfgang Melenk, **Helden der Arbeit**
Framo und Barkas, die Fahrzeuge von Phänomen und Robur und die anderen Hersteller im real existierenden Sozialismus.
192 Seiten, 270 Bilder, davon 110 in Farbe
Bestell-Nr. 87226 € 26,–

Christian Suhr/Ralf Weinreich, **DDR Traktoren-Klassiker**
Die Landmaschinen aus den sozialistischen Ländern sind zu Klassikern gereift. Hier werden diese Fahrzeuge vorgestellt.
160 Seiten, 172 Farbbilder **Bestell-Nr. 02599 € 24,90**

Christian Suhr/Ralf Weinreich, **DDR-Feuerwehr-Klassiker**
Christian Suhr hat die schönsten, seltensten und interessantesten Feuerwehr-Veteranen aus der DDR aufgespürt.
160 Seiten, 170 Farbbilder **Bestell-Nr. 02653 € 24,90**

IHR VERLAG FÜR AUTO-BÜCHER

Postfach 10 37 43 · 70032 Stuttgart
Tel. (0711) 2108065 · Fax (0711) 2108070
www.paul-pietsch-verlage.de

Motor buch Verlag

Stand Mai 2007 – Änderungen in Preis und Lieferfähigkeit vorbehalten